Lambacher Schweizer 7/8

Grundwissen Mathematik

Bayern

erarbeitet von
Herbert Götz, Uttenreuth
Manfred Herbst, Herzogenaurach
Christine Kestler, Holzkirchen
Hans-Georg Kosuch, Coburg
Dr. Johannes Novotný, München
Barbara Sy, Nürnberg
Thomas Thiessen, Erlangen

Ernst Klett Verlag
Stuttgart · Leipzig

1. Auflage 1 12 11 10 9 8 | 2019 2018 2017 2016 2015

Internetadresse: http://www.klett.de

Redaktion: Dr. U. Weiser, H. Günthner
Zeichnungen: R. Hungreder, Leinfelden
Bildkonzept Umschlag: SoldanKommunikation, Stuttgart
Titelbild: Getty Images, Digital Vision; Photonica Amana, Steven Pützer
Satz: media office GmbH, Kornwestheim, dtp-studio Andrea Eckhardt, Neuhausen
Druck: Druckhaus Götz GmbH, Ludwigsburg

Printed in Germany
ISBN 978-3-12-731565-3

Inhaltsverzeichnis und Vorwort

Inhalt

Vorwort

Liebe Schülerin, lieber Schüler,

mit diesem Heft kannst du dein Grundwissen und deine Grundfertigkeiten wiederholen, üben und kontrollieren, auch wenn du dein Schulbuch bereits wieder der Schule zurück gegeben hast.

Im Teil 1 findest du die wichtigsten Inhalte der Jahrgangsstufen 7 und 8 systematisch zusammengefasst sowie jeweils die dazu passende Seite mit Aufgaben zum Üben und Wiederholen.
In Teil 2 befinden sich Aufgaben zum Trainieren von Grundwissen und Grundfertigkeiten, die hier jedoch nicht mehr nach Inhalten sortiert sind.
Zu allen Aufgaben sind auch die Lösungen zur Kontrolle mit abgedruckt.

Viel Erfolg!

Rückblick

Achsensymmetrie

Figuren, die durch Spiegelung an einer Achse in sich übergehen, nennt man achsensymmetrisch bezüglich der Achse a.
Sind die Punkte A und A′ symmetrisch bezüglich der Achse a, dann steht die Verbindungsstrecke [AA′] senkrecht auf der Achse a und wird von dieser halbiert.
Achsenpunkte und nur diese sind von zueinander symmetrischen Punkten gleich weit entfernt.

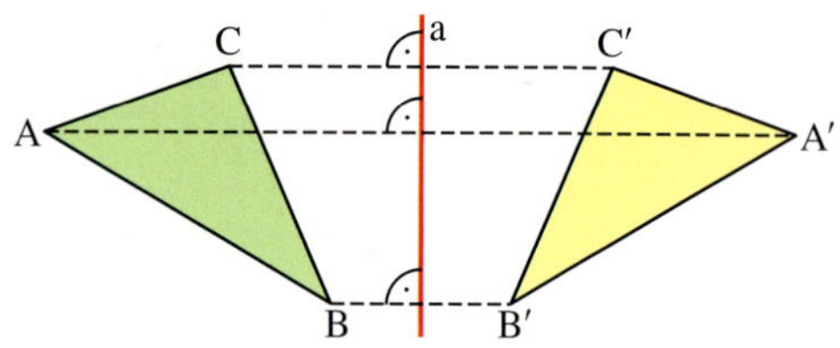

Punktsymmetrie

Figuren, die bei einer Halbdrehung um ihr Zentrum Z in sich übergehen, nennt man punktsymmetrisch bezüglich des Punktes Z.
Die Verbindungsstrecke zweier zueinander punktsymmetrischer Punkte wird vom Symmetriezentrum halbiert.

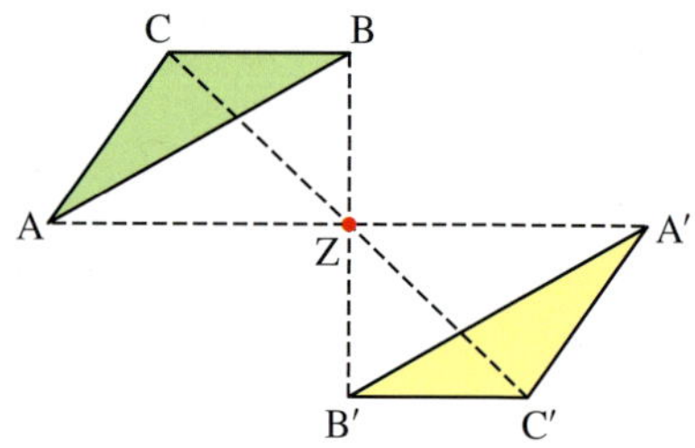

Konstruktionen

Die **Mittelsenkrechte m** zur Strecke [AB] ist die Symmetrieachse zu den Punkten A und B.
Die **Winkelhalbierende $\mathbf{w}_\alpha$** eines Winkels α ist die Symmetrieachse zu den beiden Schenkeln des Winkels.
Das **Lot l** zu einer Geraden g durch einen Punkt P ist die Symmetrieachse zu zwei Punkten A und B der Geraden g, die vom Punkt P gleich weit entfernt sind.

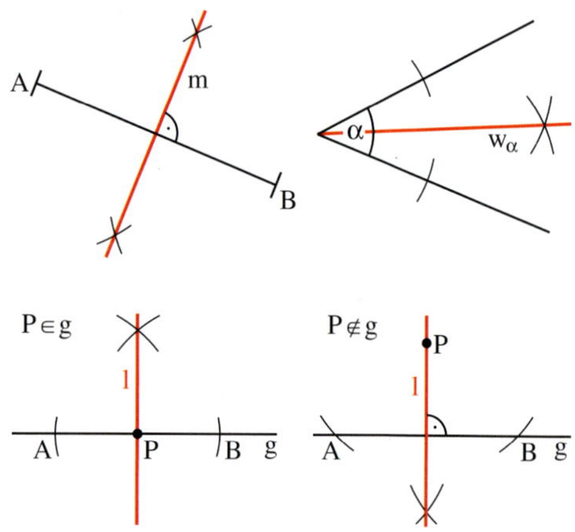

Achsen- und punktsymmetrische Vierecke

Achsensymmetrische Vierecke
- mit vier Symmetrieachsen: Quadrat
- mit zwei Symmetrieachsen: Rechteck, Raute
- mit einer Symmetrieachse: achsensymmetrisches Trapez, Drachen

Jedes punktsymmetrische Viereck ist ein Parallelogramm.

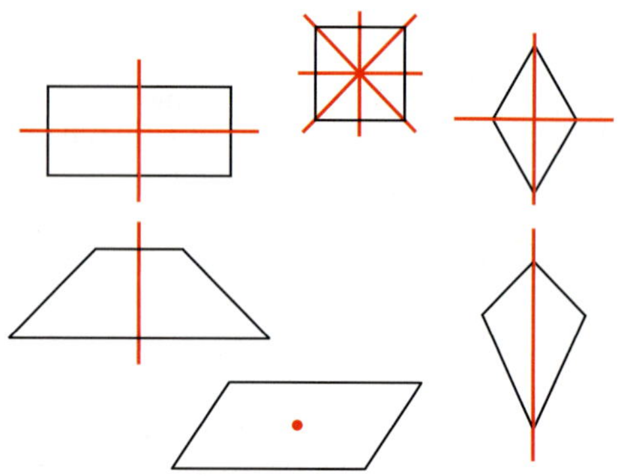

Aufgaben zum Üben und Wiederholen

1

Beschreibe die Symmetrien der Fenster.

2

Übertrage die Figuren in dein Heft. Untersuche sie auf Achsen- und Punktsymmetrie. Trage die Achse bzw. das Zentrum ein.

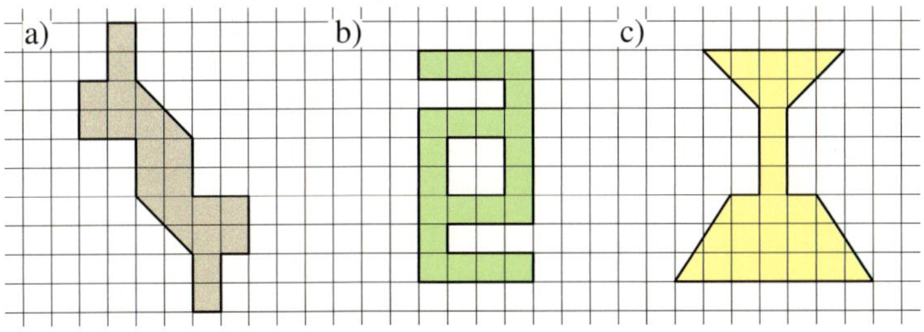

3

Zeichne ein beliebiges Dreieck und konstruiere
a) die Winkelhalbierenden,
b) die Mittelsenkrechten der Seiten.

4

Zeichne das Parallelogramm ABCD mit A(–1|–1), B(5|–1), C(7|1) und D(1|1). Konstruiere das Bildviereck bei einer Spiegelung
a) an der Achse a = BD,
b) an der Mittelsenkrechten m zu BD,
c) am Punkt R(3|0).

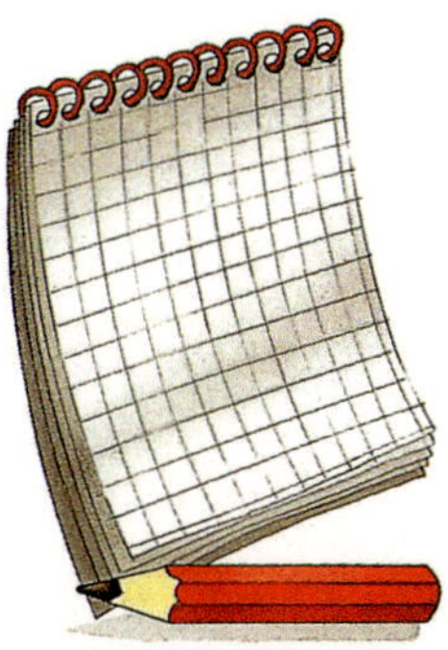

Die Lösungen zu den Aufgaben dieser Seite findest du auf den Seiten 34 und 35.

5

a) Zeichne eine 6 cm lange Strecke und konstruiere dazu die Mittelsenkrechte. Konstruiere zu den rechten Winkeln die Winkelhalbierenden.
b) Zeichne einen Kreis mit der ursprünglichen Strecke als Durchmesser und verbinde die Schnittpunkte der Kreislinie mit den Geraden zu einem Achteck.
c) Konstruiere alle Symmetrieachsen dieses Achtecks.

6

Zeichne das Dreieck ABC mit A(–1|–1), B(3|0) und C(3|2) und konstruiere das Bilddreieck so, dass bei einer Spiegelung
a) an einer Geraden,
b) an einem Punkt
die Punkte A und A′(2|4) zueinander symmetrisch sind.

7

a) Das Viereck ABCD ist punktsymmetrisch. Gegeben sind die Koordinaten der drei Eckpunkte A(–4|–1), B(1|1) und D(–2|4). Konstruiere das Symmetriezentrum Z und den Punkt C.
Gib die Koordinaten von C und Z an.
b) Beschreibe deine Konstruktion.

8

Zeichne die Gerade g durch A(–1|–1) und B(6|3) und die Gerade k durch A und C(2|4). Konstruiere eine Symmetrieachse so, dass der zu B symmetrische Punkt B′ auf der Geraden k und der zu C symmetrische Punkt C′ auf der Geraden g liegt.

9

Benenne die in der Figur versteckten symmetrischen Vierecke und ordne sie nach der Art ihrer Symmetrien.

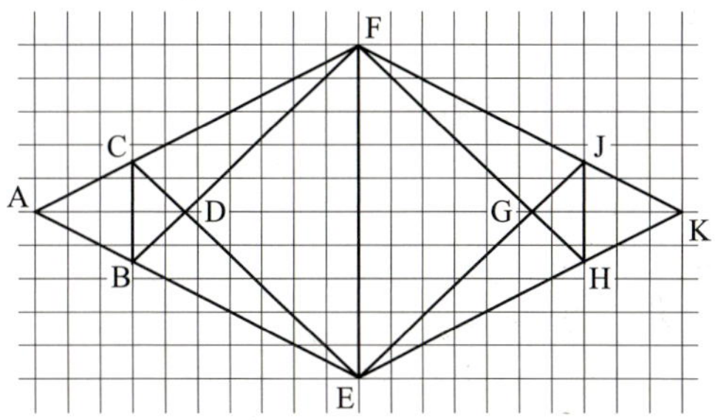

10

a) Miss die Abstände der Punkte A(1|–1), B(4|3) und C(–2,5|6) voneinander.
b) Zeichne die Gerade AB und dazu eine parallele Gerade h, die durch den Punkt C geht. Konstruiere das Lot zu AB durch den Punkt C und bestimme den Abstand der beiden Geraden AB und h.
c) Gib den Flächeninhalt des Dreiecks ABC möglichst genau an.

Rückblick

Scheitelwinkel und Nebenwinkel
An einer Geradenkreuzung nennt man je zwei gegenüberliegende Winkel **Scheitelwinkel** und je zwei nebeneinanderliegende Winkel **Nebenwinkel**.

Scheitelwinkel sind gleich groß.
Nebenwinkel ergänzen sich zu 180°.

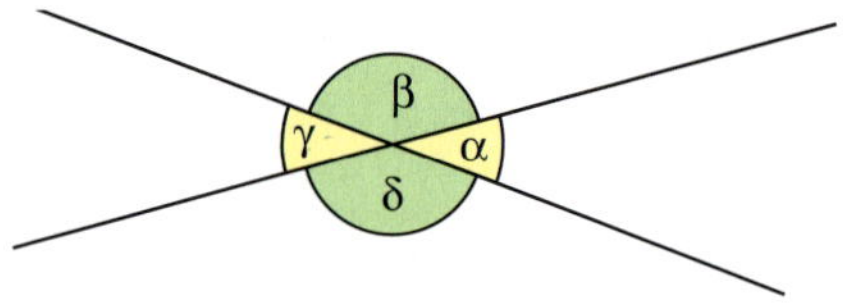

$\alpha = \gamma,\ \beta = \delta,$
z. B. $\alpha + \beta = 180°$

Stufenwinkel und Wechselwinkel
Werden zwei Geraden g und h von einer anderen Geraden geschnitten, so nennt man die jeweils gleich gefärbten Winkel an den Geraden **Stufenwinkel** bzw. **Wechselwinkel**.

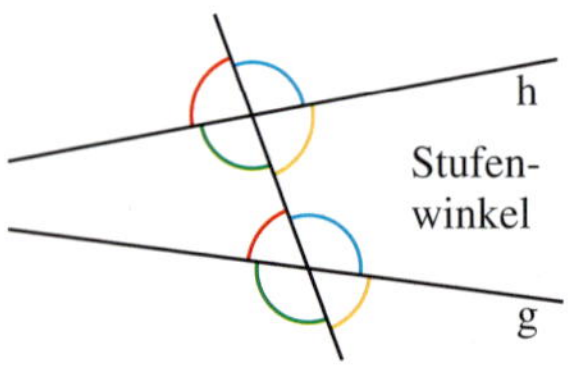

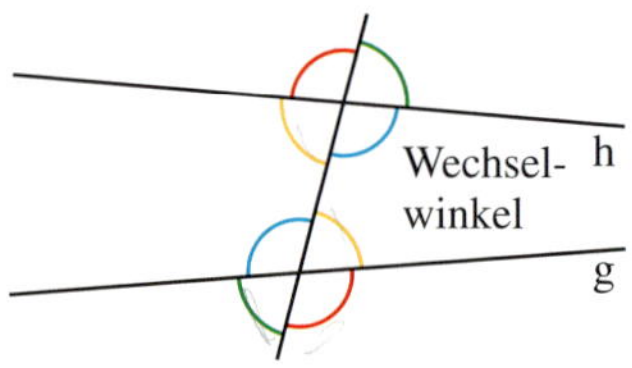

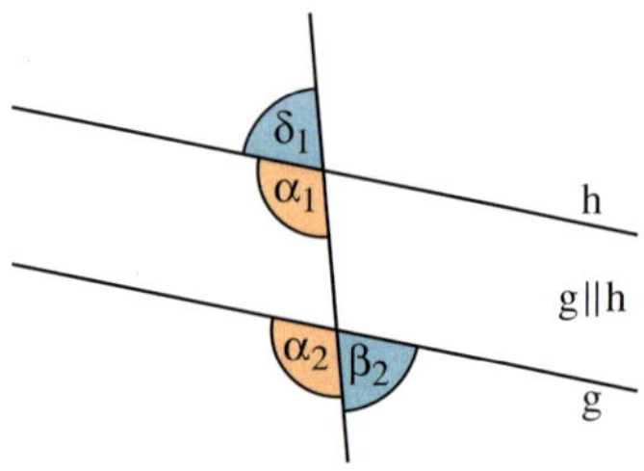

Wenn zwei Geraden g und h parallel sind, dann sind Stufenwinkel gleich groß und Wechselwinkel gleich groß.
Umgekehrt gilt:
Wenn Stufenwinkel (Wechselwinkel) an zwei Geraden g und h gleich groß sind, dann sind g und h zueinander parallel.

Stufenwinkel: z. B. $\alpha_1 = \alpha_2$
Wechselwinkel: z. B. $\delta_1 = \beta_2$

Winkelsumme im Dreieck
In jedem Dreieck beträgt die Summe der Größen der drei Innenwinkel 180°.

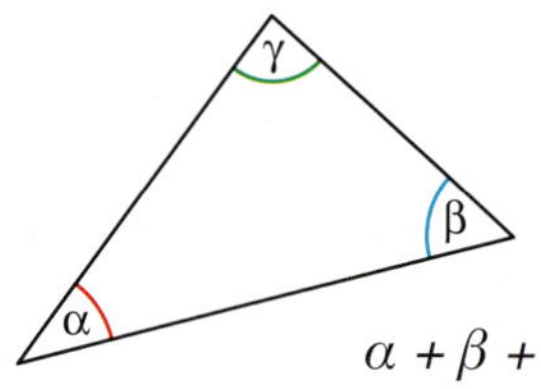

$\alpha + \beta + \gamma = 180°$

Bezeichnungen für Dreiecke
Spitzwinkliges Dreieck: Jeder Winkel ist spitz.
Rechtwinkliges Dreieck: Ein Winkel ist ein rechter.
Stumpfwinkliges Dreieck: Ein Winkel ist stumpf.

spitzwinkliges Dreieck · *rechtwinkliges Dreieck* · *stumpfwinkliges Dreieck*

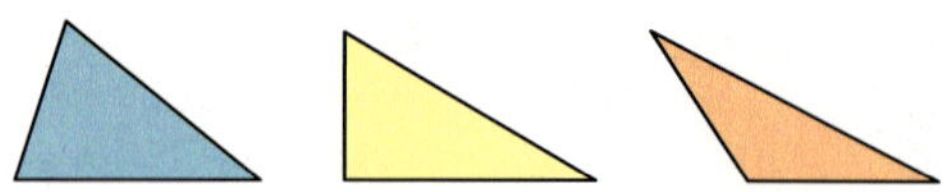

Winkelsumme im Viereck
In jedem Viereck beträgt die Summe der Größen der vier Innenwinkel 360°.

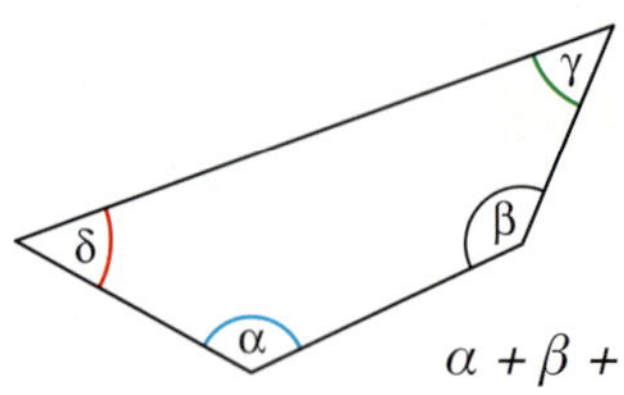

$\alpha + \beta + \gamma + \delta = 360°$

Winkelsumme im Vieleck
Die Winkelsumme in einem n-Eck beträgt: $(n - 2) \cdot 180°$.

Aufgaben zum Üben und Wiederholen

1
Berechne alle Winkel an einer Geradenkreuzung, wenn
a) ein Winkel um 37° größer ist als sein Nebenwinkel,
b) ein Winkel achtmal so groß ist wie sein Nebenwinkel.

2
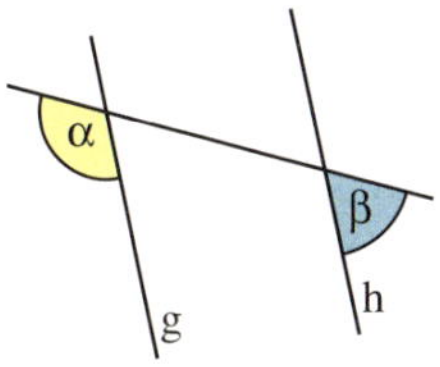

Berechne den Winkel β so, dass die Geraden g und h zueinander parallel sind, wenn
a) $\alpha = 30°$, b) $\alpha = 105{,}9°$, c) $\alpha = 179{,}6°$.

3
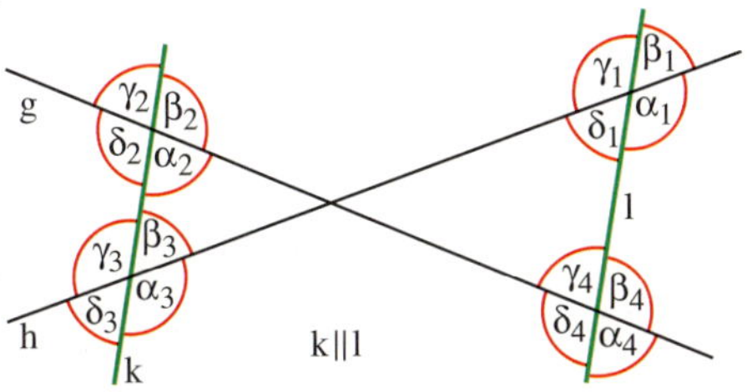

a) Welche der benannten Winkel sind Paare gleich großer Stufenwinkel (Wechselwinkel)?
b) Berechne die Größe der benannten Winkel, wenn β_1 fünfmal so groß ist wie α_1 und α_4 um 140° kleiner als β_4 ist.

4
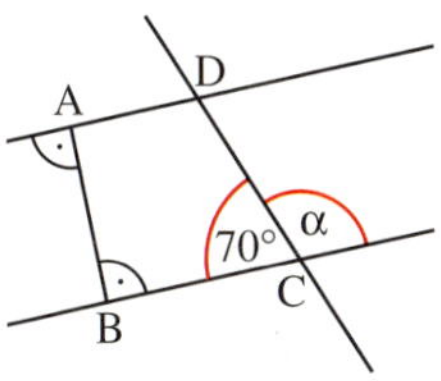

$\overline{AB} = \overline{BC} = 4$ cm

Übertrage die nebenstehende Figur in dein Heft. Konstruiere die Winkelhalbierende zu α und berechne die Größe aller in der Figur auftretenden Winkel.

5
In einem Dreieck ABC ist γ ebenso groß wie α und β zusammen. Um was für ein Dreieck handelt es sich?

6
Berechne die Größe der Winkel α, β, γ, δ und ε in den beiden Buchstaben.

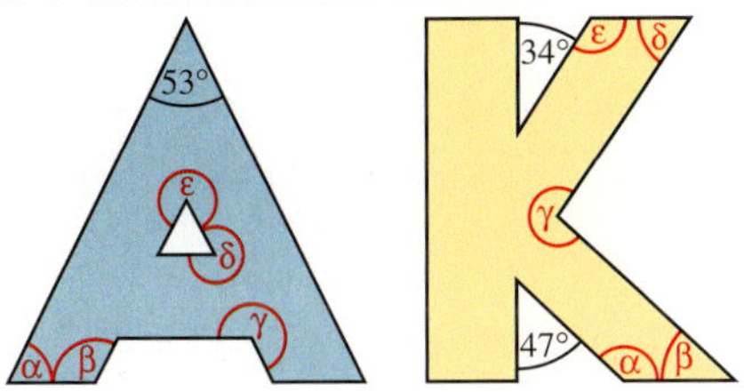

7
Welches regelmäßige n-Eck hat die Winkelsumme 1260°?
Bestimme die Größe seiner Innenwinkel.

8
Bestimme alle Innenwinkel des Vierecks ABCD.

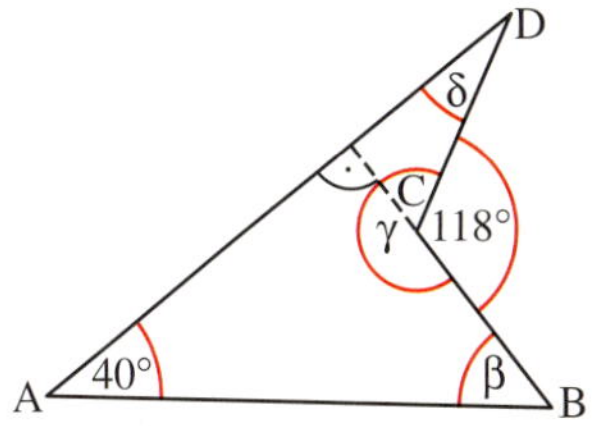

9
In einem Viereck ist β doppelt, γ dreimal und δ viermal so groß wie α.
a) Bestimme die Winkelgröße α.
b) Übertrage die Aufgabenstellung auf ein Dreieck und ein Fünfeck und bestimme dafür ebenfalls jeweils α.

10
Übertrage die Figuren in dein Heft. Berechne die bezeichneten Winkel und überprüfe deine Lösung noch auf einem anderen Weg.

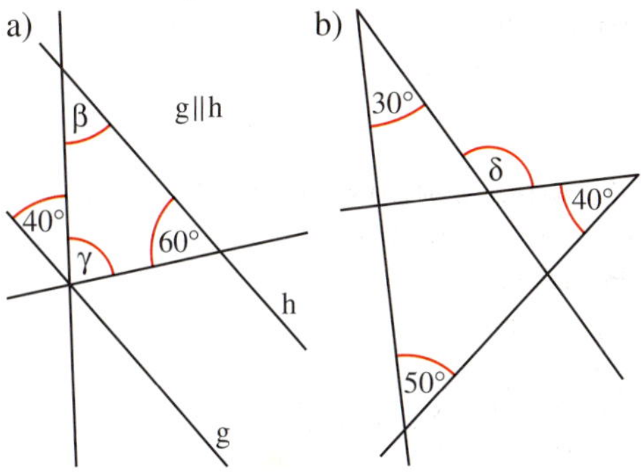

11
In einem Viereck ABCD sind die sich gegenüberliegenden Innenwinkel jeweils gleich groß.
a) Berechne die Größen aller Innenwinkel, wenn $\alpha = 54°$ (α doppelt so groß ist wie β), und zeichne anschließend ein Viereck mit den berechneten Winkeln.
b) Um welche Art von Viereck handelt es sich? Begründe deine Antwort allgemein.

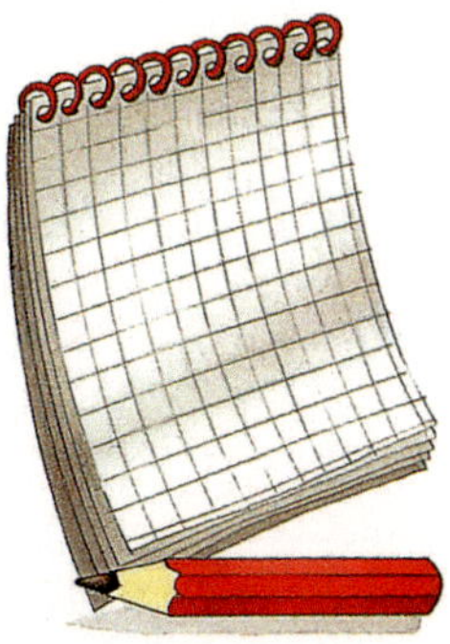

Die Lösungen zu den Aufgaben dieser Seite findest du auf den Seiten 35 und 36.

Rückblick

Terme mit Variablen
In Termen können auch Variablen auftreten. Die Variablen sind Stellvertreter für Zahlen oder für Größen.

Terme werden oft abkürzend mit Buchstaben bezeichnet.

$3\cdot(5-a)$; x^3+x+4; $x\cdot a^2-a\cdot b$ sind Terme mit Variablen.

$A(a;\ b)=a\cdot b$ ist ein Term, der von den Variablen a und b abhängt.

Berechnen von Termwerten
Erst wenn alle im Term vorkommenden Variablen durch Zahlen bzw. Größen ersetzt sind, kann man den Termwert berechnen. Gleiche Variablen sind durch gleiche Zahlen bzw. Größen zu ersetzen. Verschiedene Variablen können durch verschiedene, aber auch durch gleiche Zahlen bzw. Größen ersetzt werden.

$T(x)=x^3-4x \quad T(5)=5^3-4\cdot 5=105$

$T(a;b)=a^2+b^2 \quad T(3;4)=3^2+4^2=25$
$\quad T(5;5)=5^2+5^2=50$

Aufstellen und Interpretieren von Termen
Schritte beim Aufstellen eines Terms:
1. Untersuchung des Sachverhaltes an konkreten Beispielen und Suche nach einer Gesetzmäßigkeit
2. Einführung von Variablen und Beschreibung der gefundenen Gesetzmäßigkeit durch einen Term

$68\cdot 72;\ 66\cdot 74;\ 64\cdot 76;\ 62\cdot 78;\ \dots$
Erkennen der Gesetzmäßigkeit:
$a_1=68\cdot 72=(70-2)(70+2)$
$a_2=66\cdot 74=(70-2\cdot 2)(70+2\cdot 2)$
$a_3=64\cdot 76=(70-2\cdot 3)(70+2\cdot 3)$
$\dots$
$a_n \quad =(70-2n)\ (70+2n)$

Ein Term kann erst interpretiert werden, wenn die Bedeutung der Variablen geklärt ist.

Der Term $a\cdot b$ gibt den Flächeninhalt eines Rechtecks an, wenn a und b die Seitenlängen vertreten.

Zuordnung: Variablenwert – Termwert
Jedem Variablenwert wird durch einen Term ein eindeutig bestimmter Termwert zugeordnet.
Eine solche Zuordnung
lässt sich durch eine Wertetabelle beschreiben
und durch einen Graphen in einem Koordinatensystem veranschaulichen.

$T(x)=\frac{1}{2}x+2$

x	−4	−2	0	1	2
T(x)	0	1	2	2,5	3

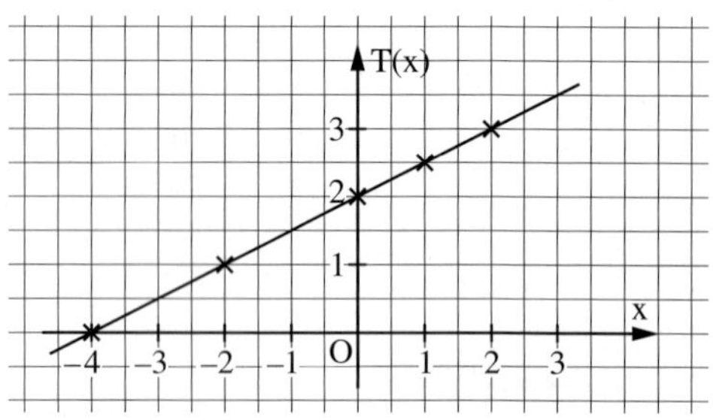

Aufgaben zum Üben und Wiederholen

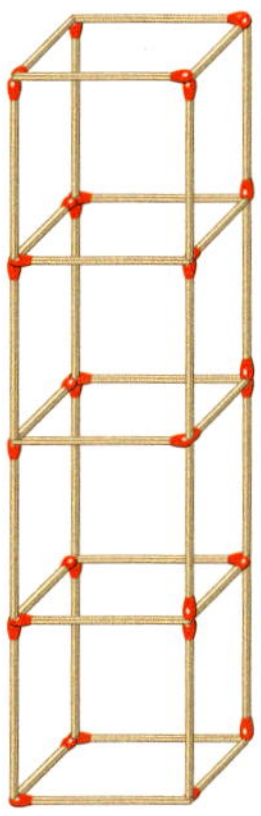

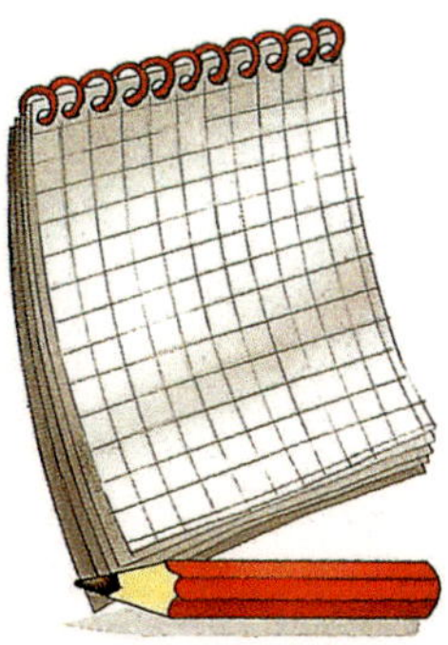

Die Lösungen zu den Aufgaben dieser Seite findest du auf den Seiten 36 und 37.

1

$T(a) = a^2 - 6a + 9$

Berechne $T(5)$, $T(-2{,}4)$ und $T\left(-\frac{3}{4}\right)$.

2

$T(x) = \frac{3}{2}x^2 - 2x$

Berechne die Termwerte für $x = 2;\ -8;\ \frac{4}{3}$.

3

$A(x; y) = (x + y)(x - y)$; $B(x; y) = x^2 - y^2$

Berechne die Termwerte der beiden Terme für $x = 3;\ y = 7$ und $x = \frac{1}{3};\ y = -\frac{1}{2}$.

4

Der abgebildete Turm ist aus Zündhölzern gebaut.

Gib einen Term an, mit dessen Hilfe man die Zahl der benötigten Zündhölzer für einen Turm mit n Stockwerken berechnen kann. Wie viele Zündhölzer braucht man für einen Turm mit 10 Stockwerken?

5

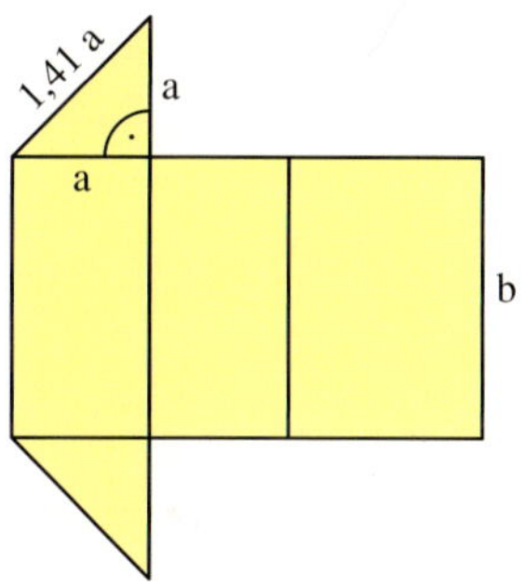

a) Gib einen Term zur Berechnung der Oberfläche des Körpers an, der aus diesem Netz gebaut werden kann.
b) Gib den Term $V(a; b)$ zur Berechnung des Volumens des Körpers an.
c) Berechne $V(5\,\text{cm}; 12\,\text{cm})$ und $V(7{,}5\,\text{cm}; 7{,}5\,\text{cm})$.
d) Wie verändern sich die Oberfläche und das Volumen des Körpers, wenn a und b verdoppelt werden?

6

a) Zeichne zum Term $(x + 3) \cdot x^2$ einen Rechenbaum.
b) Fasse die Rechenanweisung des Terms in Worte.

7

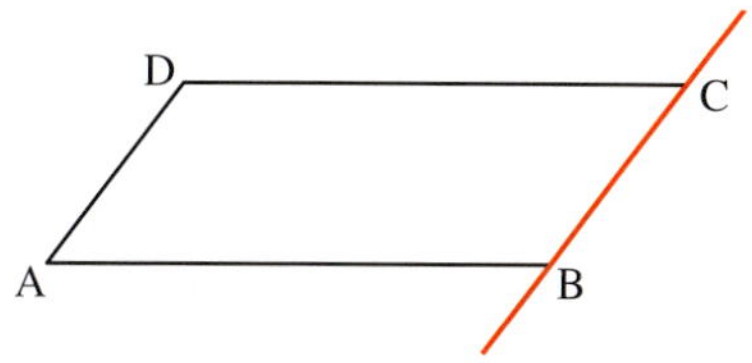

Wenn die Seite [BC] des Parallelogramms längs einer Parallelen zur Gegenseite [AD] verschoben wird, ändert sich die Gestalt des Parallelogramms. Warum bleibt jedoch der Flächeninhalt unverändert?

8

a) Wie viele Zündhölzer brauchst du zum Legen von drei Sechsecken mindestens (höchstens)? Erläutere deine Antworten durch geeignete Skizzen.
b) Wie viele Zündhölzer braucht man mindestens zum Legen von n Sechsecken? Erläutere das Aufstellen des Terms durch geeignete Skizzen.

9

2; 6; 12; 20; 30; 42; …

a) Setze die Folge um drei Glieder fort.
b) Welchen Wert hat das 100. Glied der Folge?
c) Nach welchem Gesetz wird die Folge gebildet? Beschreibe sie durch einen Term.

10

$A(t) = 18\,\text{km} - 0{,}2\,\text{km} \cdot t$; $B(t) = 0{,}25\,\text{km} \cdot t$

a) Veranschauliche die durch die beiden Terme gegebenen Zuordnungen durch Graphen. Zeichne beide in dasselbe Koordinatensystem.
b) Jan besucht seinen 18 km entfernt wohnenden Freund Tim mit seinem Fahrrad. Er fährt 0,2 km pro Minute. Tim startet gleichzeitig und fährt ihm mit 0,25 km pro Minute entgegen. Was geben die Terme $A(t)$ und $B(t)$ an?
c) Welche Information liefert der Schnittpunkt der beiden Graphen?
d) Gib den Schnittpunkt der Graphen der Zuordnungen an, die durch die Terme $C(t) = 18\,\text{km} - 0{,}25\,\text{km} \cdot t$ und $D(t) = 0{,}2\,\text{km} \cdot t$ gegeben sind.

Rückblick

Gleichwertige Terme
Zwei Terme, die bei jeder möglichen Ersetzung der Variablen durch Zahlen jeweils den gleichen Termwert ergeben, nennt man **gleichwertig** oder **äquivalent**. Durch Anwendung der Rechengesetze kann man einen Term in einen äquivalenten Term umformen.

$T_1(x) = x \cdot \left(\frac{1}{2}y + x\right)$ und $T_2(x) = \frac{1}{2}xy + x^2$ sind äquivalent.

$T_1(a) = 2a^2 - 4$ und $T_2(a) = 2a - 4$ sind nicht äquivalent.

Rechengesetze
Für alle rationalen Zahlen a, b und c gilt:

Kommutativgesetze: $a + b = b + a$
$a \cdot b = b \cdot a$

Assoziativgesetze: $a + (b + c) = a + b + c = (a + b) + c$
$a \cdot (b \cdot c) = a \cdot b \cdot c = (a \cdot b) \cdot c$

Distributivgesetz: $(a + b) \cdot c = a \cdot c + b \cdot c$

Umformungen in Produkten
Gleiche Faktoren können zu Potenzen zusammengefasst werden.

$4a \cdot 2b \cdot a \cdot \frac{1}{2}b \cdot 2a = 8 \cdot a \cdot a \cdot a \cdot b \cdot b$
$= 8a^3 b^2$

Gleichartige Terme
Zwei Produkte, in denen genau die gleichen Variablen in jeweils gleicher Potenz auftreten, nennt man **gleichartig**. Sie können addiert bzw. subtrahiert werden.

$3a \cdot 2b - \frac{1}{2}b \cdot 4a + 2ab^2$
$= 6ab - 2ab + 2ab^2 = 4ab + 2ab^2$
$4ab$ und $2ab^2$ sind nicht gleichartig.

Klammerregeln
Steht ein **Plus** vor der Klammer, können die Klammern einfach weggelassen werden.

$a + (b + c) = a + b + c$
$a + (b - c) = a + b - c$

$-3k + (5 + 2k) = -3k + 5 + 2k = -k + 5$
$7r + (2s^2 - 3{,}5r) = 7r + 2s^2 - 3{,}5r$
$= 2s^2 + 3{,}5r$

Steht ein **Minus** vor der Klammer, so ändert man die Vorzeichen in der Klammer und lässt die Klammern und das Minuszeichen vor der Klammer weg.

$a - (b + c) = a - b - c$
$a - (b - c) = a - b + c$

$x^2 - (2x^2 + y^2) = x^2 - 2x^2 - y^2 = -x^2 - y^2$
$-2u - (uv^2 - 2u) = -2u - uv^2 + 2u = -uv^2$

Ausmultiplizieren und Ausklammern
Mit Hilfe des Distributivgesetzes können Summen mit einem Term multipliziert werden: Man multipliziert jeden Summanden mit dem Term und addiert die dabei entstehenden Produkte. Diese Umformung eines Produktes in eine Summe nennt man Ausmultiplizieren.

$6z \cdot (2x + \frac{1}{3}z) = 12xz + 2z^2$
$(3a - 2b^2) \cdot 2a = 6a^2 - 4ab^2$
$pq - p \cdot (q - 3p) = pq - pq + 3p^2 = 3p^2$
$pq - p \cdot (q - 3p) = pq - (pq - 3p^2)$
$= pq - pq + 3p^2 = 3p^2$

Formt man mit Hilfe des Distributivgesetzes eine Summe in ein Produkt um, so spricht man vom Ausklammern. Voraussetzung dafür ist, dass alle Summanden einen gemeinsamen Faktor besitzen.

$4r^2 - 6r = 2 \cdot (2r^2 - 3r)$ oder auch
$4r^2 - 6r = 2r \cdot (2r - 3)$

Multiplizieren von Summen
Zwei Summen werden multipliziert, indem man jeden Summanden der ersten Summe mit jedem Summanden der zweiten Summe multipliziert und die dabei entstehenden Produkte addiert:

$$(a + b) \cdot (x + y) = ax + ay + bx + by$$

$(u + 2v) \cdot (u - v)$
$= u \cdot u - u \cdot v + 2v \cdot u - 2v \cdot v$
$= u^2 - uv + 2uv - 2v^2 = u^2 + uv - 2v^2$
$(-2 - k)(2k - 4)$
$= -4k + 8 - 2k^2 + 4k = 8 - 2k^2$

Aufgaben zum Üben und Wiederholen

1
Prüfe, ob die Terme äquivalent sind.

a) $-3 \cdot (s + 2) \cdot 2$ und $-\frac{1}{2} \cdot s \cdot 12 - 3 \cdot 4$

b) $-\frac{1}{2}r + 3r - 5$ und $7 - 1\frac{1}{4}r - 2 - 1\frac{1}{4}r$

c) $\frac{4}{5}pu^2 - \left(60\,\% \cdot pu^2 - \frac{3}{8}p^2u^2\right)$ und $\left(\frac{1}{2}pu\right)^2 + \frac{1}{2}u^2 \cdot 2p + 0{,}125\,p^2u^2 - 80\,\% \cdot pu^2$

2
Nils zeigt, dass die Terme $T_1(x) = 2x^3 - 4x^2 + 3$ und $T_2(x) = 2x - 1$ für $x = -1$, $x = 1$ und $x = 2$ jeweils den gleichen Wert besitzen. Er behauptet daraufhin, dass die beiden Terme äquivalent sind.

a) Berechne selbst die Termwerte für die angegebenen Werte von x.

b) Was sagst du zu Nils' Behauptung? Begründe deine Antwort.

3
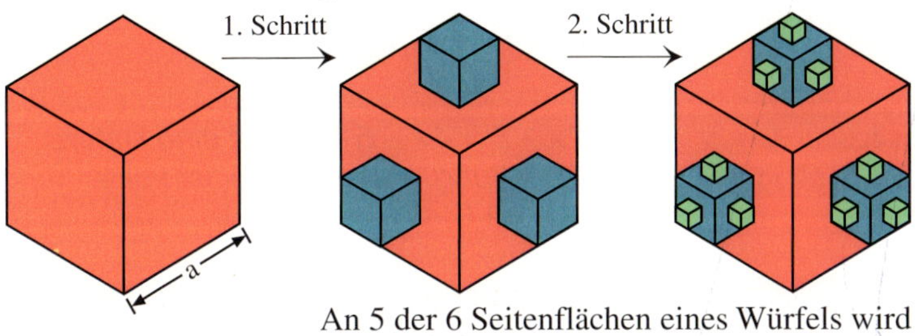

An 5 der 6 Seitenflächen eines Würfels wird je ein kleinerer Würfel angefügt, dessen Seitenlänge $\frac{1}{3}$ der ursprünglichen beträgt (mittlerer Körper). Aus ihm erhält man auf die gleiche Weise den rechten Körper.

a) Berechne Volumen und Oberfläche der drei Körper.

b) Wie groß ist der Volumenzuwachs beim vierten Schritt? Gib ihn in Prozent an.

c) Wie groß muss die Kantenlänge a gewählt werden, damit der mittlere Körper ein Volumen von $32\,cm^3$ besitzt?

4
Fasse so weit wie möglich zusammen.

a) $4^2z^2y - 3y \cdot 2yz - 2yz + 4y \cdot 2z^2 + zy$

b) $2(3x - 5y) + 3(0{,}4 - 1) - 10y + 15$

c) $4r^2s - (3rs^2 + r^2s^2) - (r^2s - 5r^2s^2)$

d) $-2p \cdot (q - p) + \frac{1}{4} \cdot (p^2 - 4) \cdot 2 + 55\,\%$

e) $(2x - y) \cdot (-x + 2y) - (x^2 + y^2)$

f) $-(u^2 + v) + (uv - v^2) - 2(v^2 - u^2) - 3vu$

g) $a^2b^2 - (a^2 - 5ab^2)(-3ba^2 + b^2) + 5b^2a^2 \cdot ab$

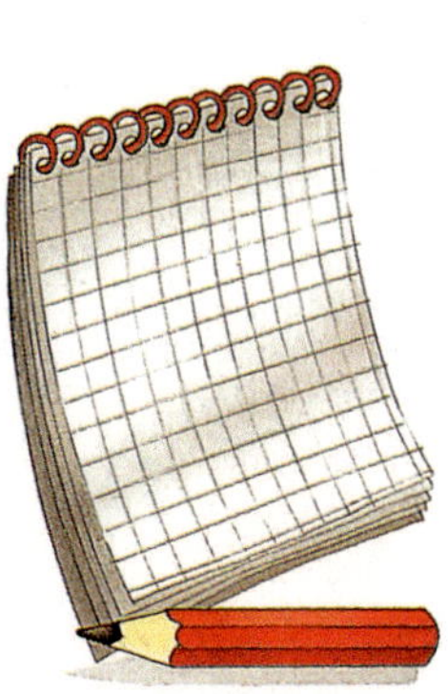

Die Lösungen zu den Aufgaben dieser Seite findest du auf den Seiten 37 und 38.

5
Gib einen möglichst einfachen Term für den Inhalt der gefärbten Fläche an.

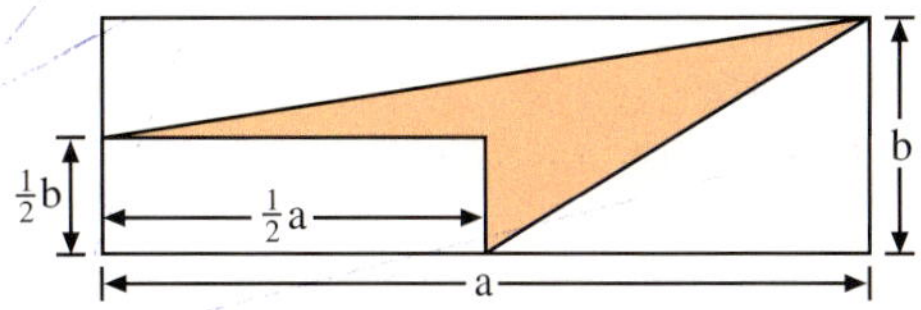

6
Welche Änderungen an den Termen T_2 könntest du vornehmen, damit äquivalente Terme entstehen?

a) $T_1(a) = 2 \cdot (3a - 5) - \frac{1}{3} \cdot a \cdot 6$ und $T_2(a) = -2a + 2 \cdot 3 + 4a - 1$

b) $T_1(k) = (2k)^2 - 2k^2 - 2k$ und $T_2(k) = -2k + k \cdot (k - 1) + 2k$

7
Berechne die Termwerte für $a = -1$; $b = 0{,}5$ und $c = 2$.

a) $5a \cdot 2b^2c - 5ba^2 \cdot c - 2{,}5b \cdot cb \cdot a$

b) $-2 \cdot \left(\frac{1}{4}ac - \frac{1}{4}bc\right) + \frac{1}{4}(a \cdot 2c - 2bc)$

c) $-\frac{1}{2} \cdot (c - 2) \cdot 5 + 6a + c \cdot \left(b - \frac{1}{2}\right)$

d) $(2ab)^2 - (b^2 \cdot 70\,\% \cdot a^2 - 4c) - c : \frac{1}{4}$

e) $8(a + 1) - (b - 0{,}5) \cdot 2a^3bc^2 + 3a^2b \cdot 2ac^2$

8
Die Terme $T_1(r) = 10 - \frac{7}{2}r - 2^3 + 4r$ und $T_2(r) = 5r - \frac{3}{2} - r \cdot 2 + 0{,}5 - r$ sind gegeben.

a) Stelle T_1 und T_2 graphisch dar.

b) Sind die Terme äquivalent? Begründe.

9
Sind die Umformungen richtig? Wenn nicht, beschreibe die Fehler.

a) $2{,}4 + 0{,}6 \cdot a + b = 3a + b = 3ab$

b) $2k - (k + 7) + k = 2k - k + 7 + k = 7 + k$

c) $3 \cdot (4 \cdot z - x) = 12 \cdot 3z - 3x = 36z - 3x$

d) $(2 + x) \cdot 2^2 \cdot (-3 + y) = (4 + 2x) \cdot (2y - 6)$

e) $5x^2y - 4 \cdot \left(\frac{1}{4}x^2 \cdot \frac{1}{4}y\right) = 5x^2y - x^2y = 5$

10
In einem Dreieck wird die Höhe auf ein Drittel verkürzt. Kann man die Länge der Grundlinie so ändern, dass das neue Dreieck den gleichen Flächeninhalt besitzt wie das ursprüngliche? Begründe.

Rückblick

Gleichungen
Eine Gleichung besteht aus zwei Termen, die durch ein Gleichheitszeichen miteinander verbunden sind. Dabei muss wenigstens in einem der beiden Terme eine Variable vorkommen. Ergeben sich aus dem Einsetzen einer Zahl (oder einer Größe) für die Variable die gleichen Termwerte auf beiden Seiten der Gleichung, so nennt man die Zahl (oder Größe) eine Lösung der Gleichung.

$6x - 12 = -15$ ist eine Gleichung.

Gleichung: $4 - x^3 = 2x + 16$
$x = -2$: l. S.: $4 - (-8) = 4 + 8 = 12$
r. S.: $2 \cdot (-2) + 16 = -4 + 16 = 12$
-2 ist eine Lösung der Gleichung.

Äquivalenzumformungen von Gleichungen
Eine Äquivalenzumformung ist eine Umformung einer Gleichung, nach der sie die gleichen Lösungen besitzt wie vorher.
Wichtige Äquivalenzumformungen:
- Termumformungen
- Addition oder Subtraktion einer Zahl oder eines Terms auf beiden Seiten der Gleichung
- Multiplikation der beiden Seiten der Gleichung mit einer Zahl ($\neq 0$) oder Division beider Seiten durch eine Zahl ($\neq 0$)

$$4x(x-2) = 2x \cdot 2x$$
$$4x^2 - 8x = 4x^2$$

$$3 - x = -5x + 2 \quad | +5x$$
$$3 + 4x = 2$$

$$12x = 13 \quad | :12$$
$$x = \frac{13}{12}$$

Lineare Gleichungen (mit einer Variablen)
Eine Gleichung (mit der Variablen x), in der x nach dem Ausmultiplizieren von Klammern nur in der Form $a \cdot x$ vorkommt, heißt lineare Gleichung.

$2x - 8 = 4x - 5 - 8x$ ist eine lineare Gleichung, $x \cdot (x + 2) = 5$ ist keine lineare Gleichung.

Lösungsverfahren für lineare Gleichungen
Eine lineare Gleichung mit der Variablen x kann man immer in den folgenden Schritten lösen:
1. Termumformungen bis zur Gestalt $ax + b = cx + d$
2. Addition bzw. Subtraktion und Zusammenfassen so, dass nur noch die Variable oder ein Vielfaches von ihr auf nur einer Seite steht.
3. Division durch den Faktor des x-Terms

Führe abschließend die Probe durch Einsetzen durch.

$$7(-x + 1) = 12(2 - x)$$
$$-7x + 7 = 24 - 12x \quad | +12x - 7$$
$$5x = 17 \quad | :5$$
$$x = 3{,}4$$
l. S.: $7(-3{,}4 + 1) = 7 \cdot (-2{,}4) = -16{,}8$
r. S.: $12(2 - 3{,}4) = 12 \cdot (-1{,}4) = -16{,}8$

Gleichungen in Anwendungssituationen
Hilfreich ist die Beachtung der folgenden Schritte:
1. Variable einführen
2. Gleichung aufstellen
3. Gleichung lösen
4. Ergebnis überprüfen und formulieren

Timo ist dreimal so alt wie Caro. In 4 Jahren wird er nur noch doppelt so alt sein wie Caro dann ist.
1. Caros Alter heute: c
2. Timo in 4 Jahren = 2 · Caro in 4 J.

	heute	in 4 Jahren
Caro	c	$c + 4$
Timo	$3c$	$3c + 4$

Also: $3c + 4 = 2(c + 4)$
3. $3c + 4 = 2c + 8 \quad | -2c - 4$
$c = 4$
4. heute: Caro: 4 J., Timo: 12 J.
in 4 Jahren: Caro: 8 J., Timo: 16 J.
Timo ist also 12, Caro 4 Jahre alt.

Aufgaben zum Üben und Wiederholen

1
Löse die Gleichung im Kopf.
a) $3x = 21$ b) $4 - x = 14$
c) $3x + 2 = 2$ d) $1 = x^2$
e) $40\% \cdot x = 8$ f) $2^x = 16$
g) $-3x + 1 = 10$ h) $x : 5 = 25$

2
Löse durch systematisches Probieren.
a) $6 - x = x^2$
b) $-3x + 2 = 8 - 4{,}5x$

3
a) Das Sechsfache einer Zahl ist um 2 kleiner als −13.
b) Die Hälfte einer Zahl ist um 6 kleiner als das 1,5fache der gleichen Zahl.

4
Schreibe zu der Gleichung ein Zahlenrätsel in Worten auf.
a) $4x - 6 = 3x + 2$
b) $\frac{1}{2}x + 15 = \frac{1}{2}x^2$

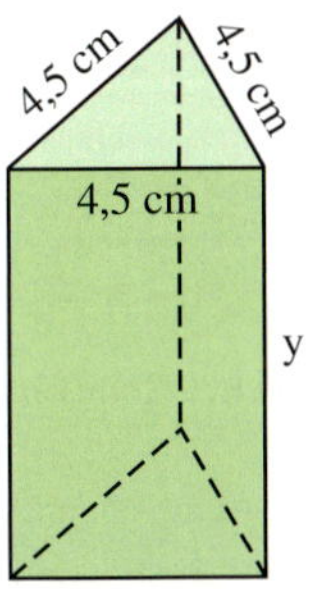

5
a) Die Summe der Kantenlängen des Prismas beträgt 51 cm. Berechne die Kantenlänge y.
b) Bestimme die ungefähre Kantenlänge y, wenn die Oberfläche des Prismas $60\,cm^2$ betragen soll.
c) Bestimme die ungefähre Kantenlänge y, wenn das Volumen des Prismas $50\,cm^3$ betragen soll.

6
Gib jeweils an, durch welche Äquivalenzumformung man die zweite Gleichung aus der ersten erhält, und bestimme die fehlende Zahl.
a) $x + 5 =$ ☺ | ??
$x = 8$
b) $\frac{1}{3}x - 7 =$ ☺ | ??
$\frac{1}{3}x = -2$
c) ☺ $= x : (-0{,}25)$ | ??
$x = 2$
d) $2{,}4x =$ ☺ | ??
$x = -\frac{3}{4}$

Die Lösungen zu den Aufgaben dieser Seite findest du auf Seite 38.

7
Löse die Gleichung.
Überprüfe dein Ergebnis.
a) $19(2 - y) = 5y + 2(y + 7)$
b) $-0{,}28 = (-0{,}1x + 3{,}2) \cdot 5$
c) $(x - 1) : 3 - \frac{x}{3} = (x - 2) : 3 + \frac{7}{6}$
d) $\frac{4}{3}x\left(\frac{1}{2}x - 6\right) + 5 = 3(-2 - 4x) + \frac{2}{3}x^2$

8
Welche ganze Zahl liegt möglichst nahe an einer Lösung der Gleichung
$3 + 0{,}6x^2 = 2 - x(x^2 + 1{,}2)$?

9
Untersuche, ob die beiden Gleichungen die gleichen Lösungen besitzen.
I $x^4 - 2x + 1 = 3x(x - 2) + 4x$
II $2x - 3x^2 - 1 = -(2 + x) - x^4$

10
Stelle eine Gleichung auf, in der die Variable mindestens zweimal vorkommt und deren Lösung die Zahl −2 ist.

11
In einem Dreieck mit den Winkeln α, β und γ ist α um 15° größer als β und γ halb so groß wie β.
Wie groß sind die drei Winkel des Dreiecks?

12
Das Kühlsystem eines Autos fasst 4,5 *l*. Es enthält 25 % Frostschutzmittel. Wie viel von den 4,5 *l* muss man ablassen und durch Frostschutzmittel ersetzen, um eine Konzentration von 40 % Frostschutzmittel im Wasser zu erhalten?

13
In welcher Höhe muss ein Würfel der Kantenlänge 10 cm parallel zu einer Seitenfläche durchgeschnitten werden, damit die Oberfläche eines der beiden entstehenden Quader halb so groß ist wie die Oberfläche des Würfels?
Um wie viel Prozent ist die Oberfläche des zweiten Quaders größer als diejenige des ersten?

Rückblick

Diagramme
Ein Kreisdiagramm bietet sich besonders dann an, wenn die Anteile am Ganzen schnell erfasst werden sollen.

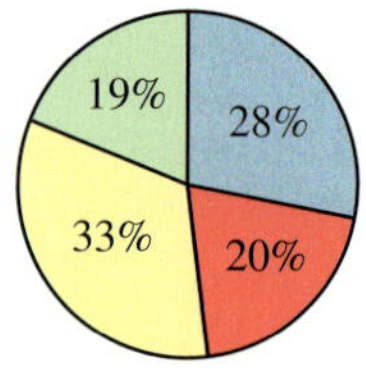

Ein Säulen- oder Balkendiagramm bietet sich besonders dann an, wenn man die Werte verschiedener Säulen oder Balken unmittelbar miteinander vergleichen will.

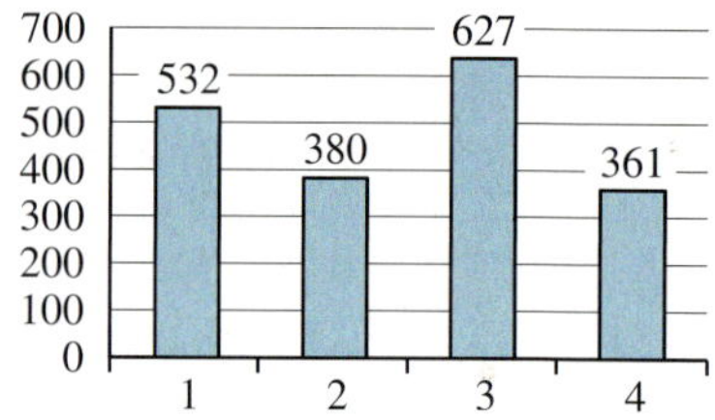

Ein Bilddiagramm bietet sich besonders dann an, wenn der Sachzusammenhang im Diagramm sofort in den Blick fallen soll.

Ein Punkt- oder Liniendiagramm bietet sich besonders dann an, wenn man aus dem Kurvenverlauf z. B. Entwicklungen ablesen möchte.

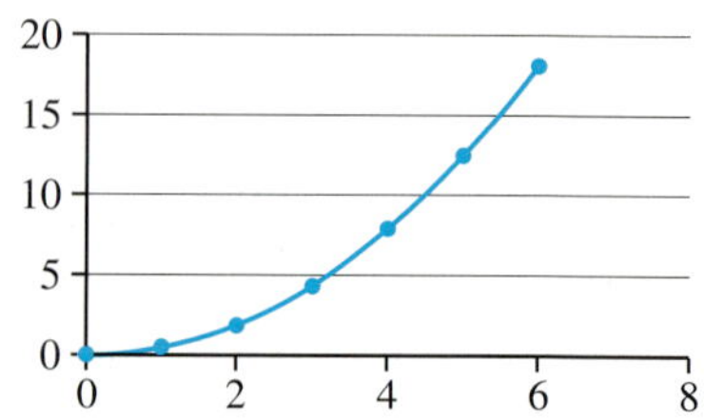

Arithmetischer Mittelwert
Der (arithmetische) Mittelwert einer Menge von Zahlen oder Größen ergibt sich, indem die Summe der Zahlen oder Größen durch ihre Anzahl dividiert wird.

In der Schulaufgabe hatte es folgende Ergebnisse gegeben:

Note	*1*	*2*	*3*	*4*	*5*	*6*
Anzahl	*4*	*5*	*8*	*7*	*4*	*2*

Mittelwert (Notendurchschnitt):
$(4 \cdot 1 + 5 \cdot 2 + 8 \cdot 3 + 7 \cdot 4 + 4 \cdot 5 + 2 \cdot 6) : 30$
$= 98 : 30 \approx 3{,}27$

Grundgleichung der Prozentrechnung
Alle Fragen der Prozentrechnung lassen sich mit der Grundgleichung der Prozentrechnung

$$\text{Prozentsatz} \cdot \text{Grundwert} = \text{Prozentwert}$$

beantworten,
indem man die Gleichung nach der gesuchten Größe auflöst.

Der Preis für ein Paar Fußballschuhe wurde um 15 % auf 63,75 € reduziert. Was kosteten sie vorher?
Sie kosten nun 85 % des Grundwertes:
$0{,}85 \cdot x = 63{,}75\,€ \quad | : 0{,}85$
$x = 63{,}75\,€ : 0{,}85$
$x = 75\,€$
Vorher kosteten sie 75 €.

Aufgaben zum Üben und Wiederholen

1

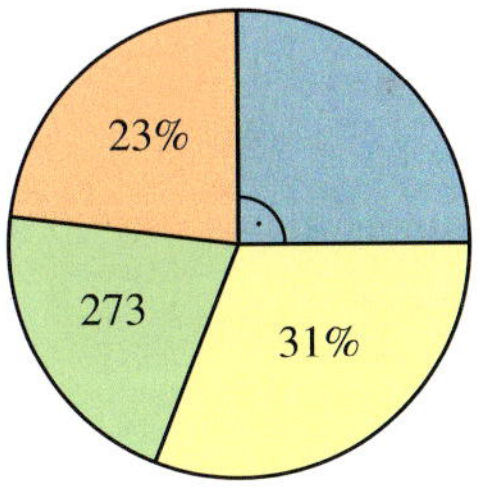

a) Bestimme den Grundwert, auf den sich das Diagramm bezieht.
b) Zeichne ein zweites Kreisdiagramm, in dem die Aufteilung ohne den blauen Sektor dargestellt wird.

2

a) Schätze den Mittelwert zunächst. Berechne ihn anschließend.
2,3; 19,8; –7,9; –1,3; 22,1; 11,5; 9,8
b) Bestimme x jeweils so, dass man den angegebenen Mittelwert erhält.
83; 86; 89; 85; 92; x; Mittelwert: 88
83; 86; 89; 85; 92; x; Mittelwert: 100

3

Berechne im Kopf.
a) 11 % von 880 b) 11 von 25
c) 40 % von welcher Zahl sind 72?
d) 8 % von 30 m^2 e) 25 cm von 10 m
f) 130 % von wie viel Euro sind 3250 €?

4

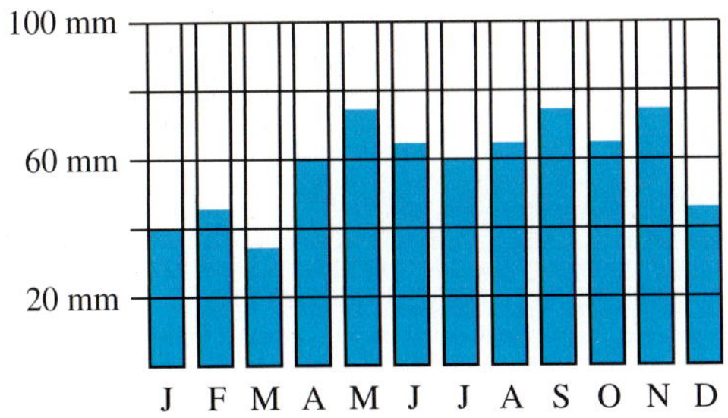

In dem Diagramm sind die monatlichen Niederschläge an einem mittelfränkischen Ort dargestellt. Warum werden sie bezogen auf eine Längeneinheit angegeben?
a) Berechne die mittleren monatlichen Niederschläge in den vier Vierteljahren.
b) Berechne die mittleren monatlichen Niederschläge für das Jahr.

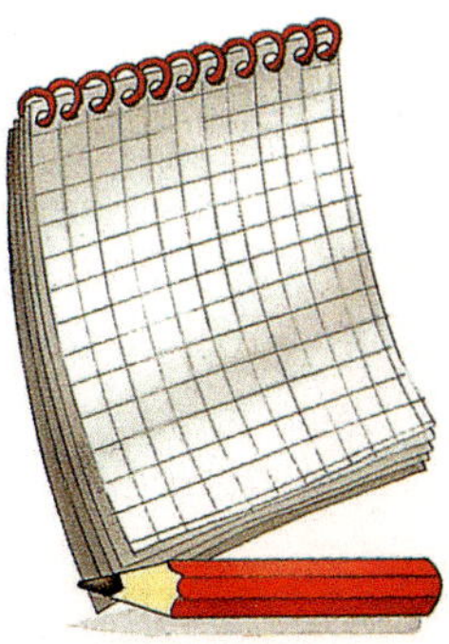

Die Lösungen zu den Aufgaben dieser Seite findest du auf den Seiten 38 und 39.

5

Übertrage die Tabelle in dein Heft und vervollständige sie durch Berechnung der jeweils fehlenden Größe.

	Prozentsatz	Grundwert	Prozentwert
a)	34 %	17 €	
b)		48 kg	5,5 kg
c)	42 %		82
d)		111	11
e)	18 %		76
f)	1,5 %	4,3 km	

6

Eine Zeitungsgrafik aus dem Jahr 2004:

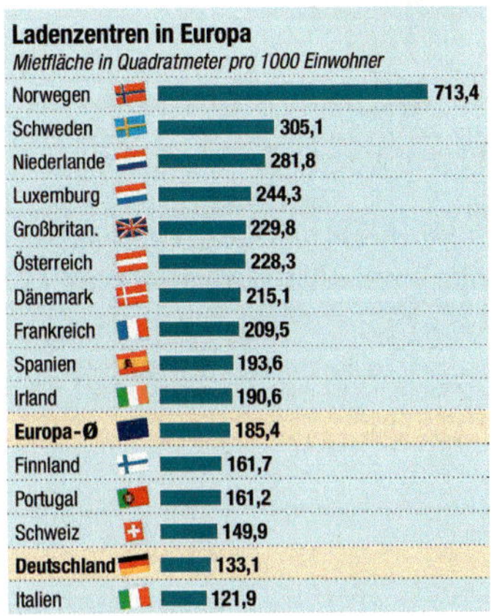

Auf den ersten Blick scheint der angegebene Mittelwert falsch zu sein. Erkläre, warum der Wert dennoch stimmen kann. Berechne den Mittelwert näherungsweise, indem du geeignete Daten verwendest.

7

a) Ich denke mir eine Zahl. Wenn ich sie um 32 % verkleinere, erhalte ich 1122. Wie lautet meine Zahl?
b) Ich denke mir eine Zahl und vergrößere sie um 40 %. Anschließend verkleinere ich die so erhaltene Zahl um 20 % und erhalte 392. Welche Zahl habe ich mir ausgedacht?
c) Aus wie vielen natürlichen Zahlen zwischen 1 und 999 erhält man nach Anwendung der beiden Operationen aus b) wieder eine natürliche Zahl?

Rückblick

Kongruente Figuren
Zwei deckungsgleiche Figuren F und G nennt man auch zueinander kongruent. Man schreibt: $F \cong G$. Kongruente Figuren stimmen in allen einander entsprechenden Stücken, wie z. B. in der Länge der Seiten und der Größe der Winkel, überein.

Kongruente Dreiecke (Kongruenzsätze)
Zwei Dreiecke sind kongruent, wenn sie
- in allen drei Seiten (SSS)
- in einer Seite und zwei gleichliegenden Winkeln (WSW bzw. SWW)
- in zwei Seiten und dem eingeschlossenen Winkel (SWS)
- in zwei Seiten und dem Gegenwinkel der größeren Seite (SsW)

übereinstimmen.

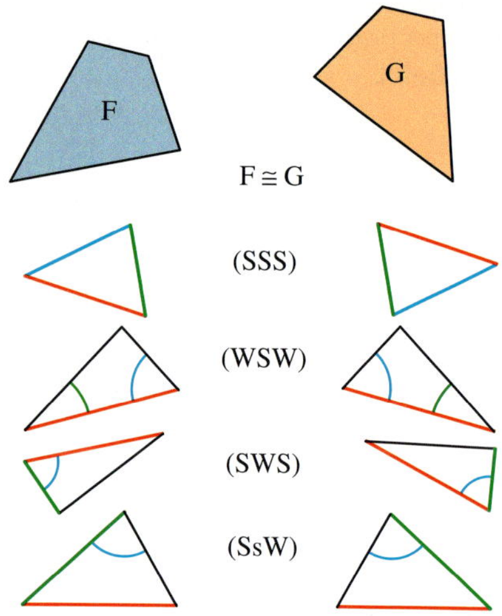

Gleichschenkliges Dreieck
Ein Dreieck mit zwei gleich langen Seiten heißt gleichschenkliges Dreieck.
Sonderfall: Ein Dreieck mit drei gleich langen Seiten heißt gleichseitig.

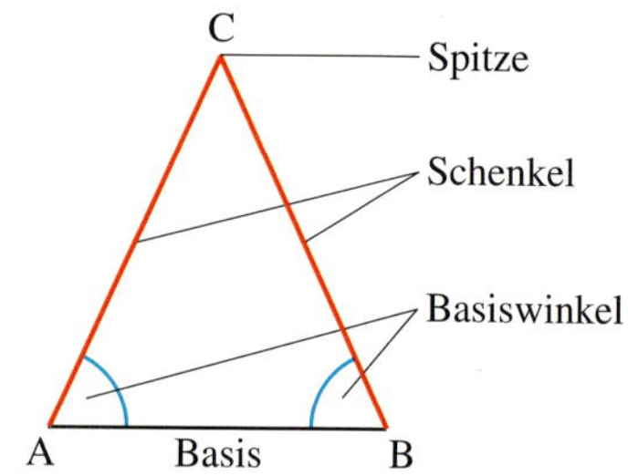

Satz vom gleichschenkligen Dreieck
Trifft für ein Dreieck eine der folgenden Aussagen zu, so gelten auch die beiden anderen:
a) Das Dreieck ist gleichschenklig.
b) Das Dreieck ist achsensymmetrisch.
c) Das Dreieck besitzt zwei gleich große Winkel.

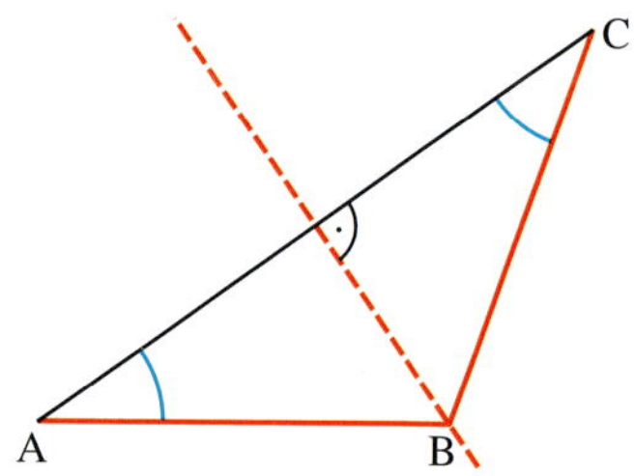

Satz des Thales
Ein Dreieck ABC hat genau dann bei C einen rechten Winkel, wenn die Ecke C auf einem Halbkreis über [AB] liegt.

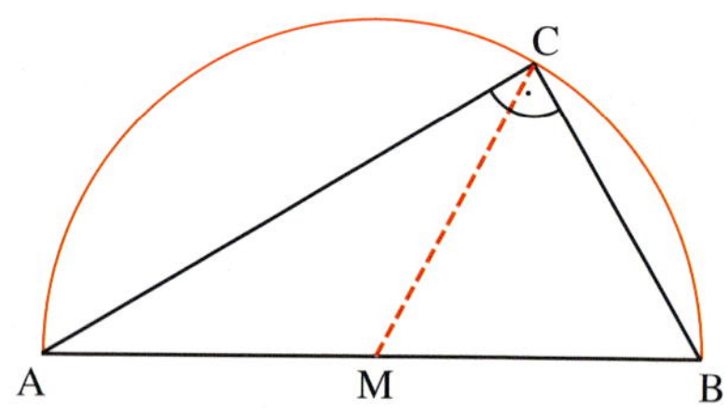

Bezeichnungen im rechtwinkligen Dreieck
In rechtwinkligen Dreiecken heißen die beiden Seiten, die den rechten Winkel einschließen, Katheten, die dem rechten Winkel gegenüberliegende Seite heißt Hypotenuse.

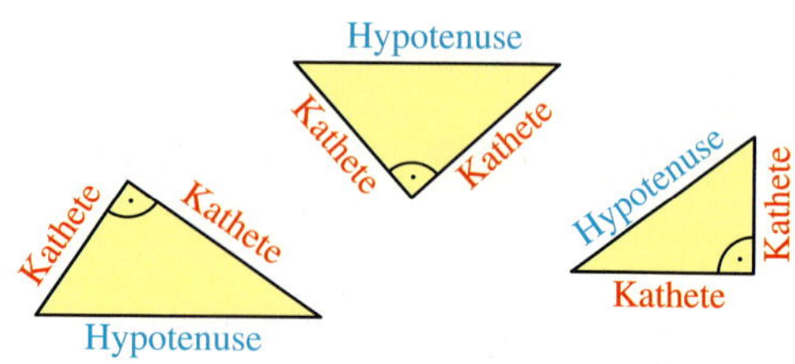

Aufgaben zum Üben und Wiederholen

1
Zeige an einem Gegenbeispiel, dass folgende Aussage falsch ist: Gleichschenklige Dreiecke, die in einer Seite und einem Winkel übereinstimmen, sind kongruent.

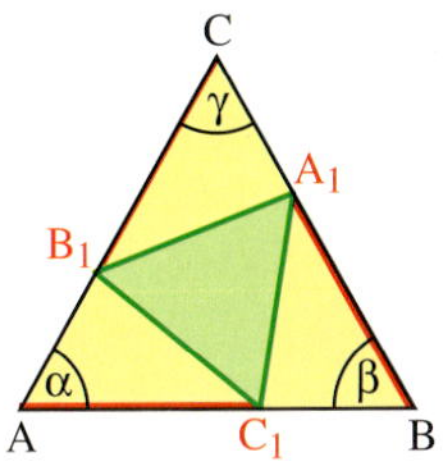

2
Zeichne ein gleichseitiges Dreieck ($a = 6\,cm$). Trage auf den Seiten wie in der nebenstehenden Figur gleich lange Strecken ab. Begründe: Das entstehende Innendreieck ist wieder ein gleichseitiges Dreieck.

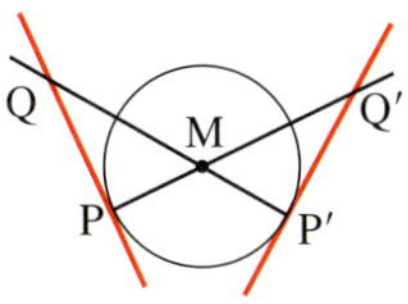

3
An einen Kreis mit Mittelpunkt M sind in zwei beliebigen Punkten P und P′ die Tangenten gezeichnet. Die Halbgeraden PM und P′M schneiden diese in den Punkten Q′ bzw. Q. Fertige eine Skizze an und zeige, dass $\overline{PQ} = \overline{P'Q'}$.

4
Begründe: Wenn in einem Viereck zwei gegenüberliegende Seiten parallel und gleich lang sind, dann sind auch die beiden anderen Seiten parallel und gleich lang.

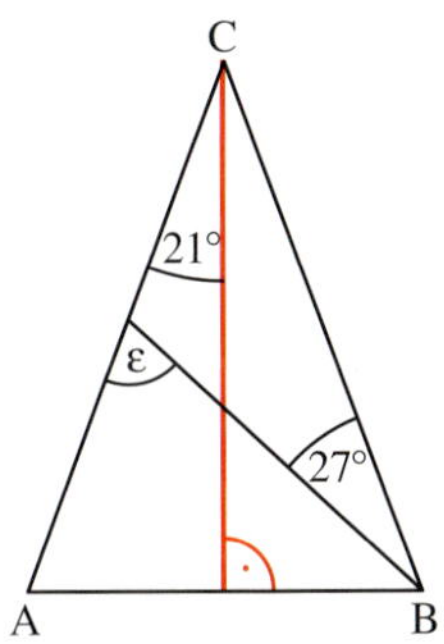

5
Das Dreieck ABC der nebenstehenden Figur ist gleichschenklig mit $\overline{AC} = \overline{BC}$.

a) Wie groß ist der Winkel ε? Fertige eine Skizze an und begründe deine Schritte.

b) Welche weiteren Strecken in der Figur sind gleich lang? Begründe.

6
Konstruiere ein Dreieck ABC. Fertige Planfigur und Konstruktionsplan an.

a) $b = c = 5{,}0\,cm$; $h_a = 3{,}2\,cm$

b) $b = 6{,}0\,cm$; $a = 4{,}5\,cm$; $\beta = 90°$

7
Lässt sich aus den gegebenen Stücken (eindeutig) ein Dreieck ABC konstruieren? Begründe deine Antwort.

a) $a = 3{,}4\,cm$; $b = 6{,}7\,cm$; $c = 10{,}5\,cm$

b) $b = 5{,}2\,cm$; $c = 4{,}6\,cm$; $\beta = 74°$

c) $a = 5{,}6\,cm$; $c = 70\,mm$; $\alpha = 35°$

d) $b = 6{,}3\,cm$; $\gamma = 110°$; $c = 4{,}9\,cm$

e) $a = 72\,mm$; $h_a = 30\,mm$; $\alpha = 90°$

Die Lösungen zu den Aufgaben dieser Seite findest du auf den Seiten 39 und 40.

8
Von einem Freiluftballon aus werden die Orte A und B unter den Tiefenwinkeln $\alpha = 66°$ und $\beta = 24°$ angepeilt. Dabei ist $\overline{AB} = 2700\,m$.

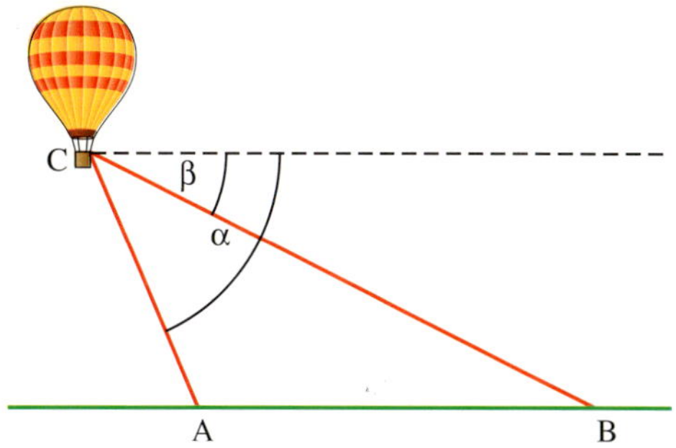

Wie hoch schwebt der Ballon über der Ebene? Berechne dazu die nötigen Winkel und konstruiere im Maßstab 1 : 50 000.

9

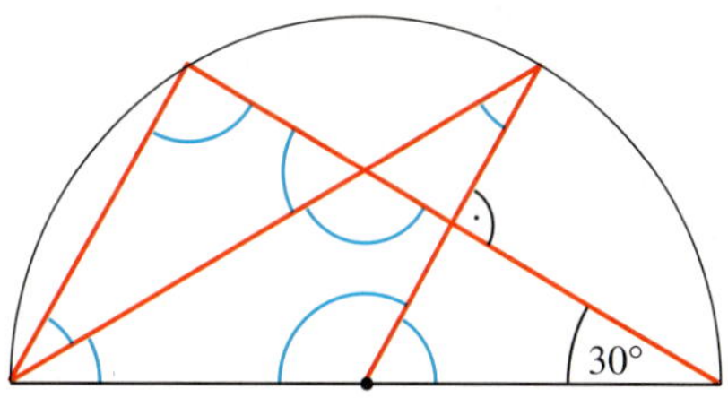

Übertrage die Figur in dein Heft. Bezeichne die angegebenen Winkel und berechne sie. Begründe deine Lösungsschritte.

10

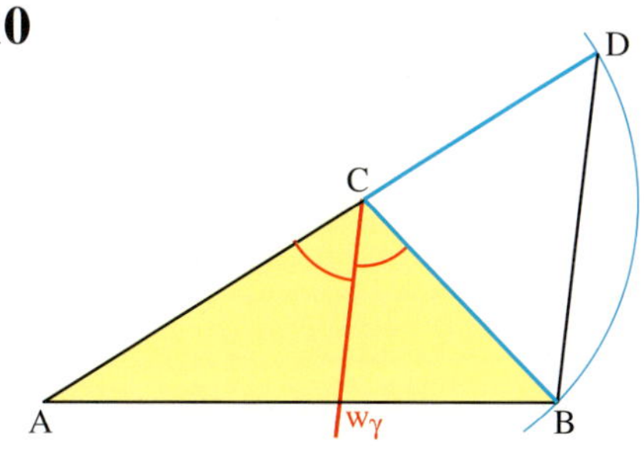

Das Dreieck ABC ist ein beliebiges Dreieck, w_γ halbiert den Winkel bei C.

a) Begründe, dass $BD \parallel w_\gamma$ ist.

b) Was folgt aus der in a) nachgewiesenen Eigenschaft für den Fall, dass das Dreieck ABC gleichschenklig mit $\overline{AC} = \overline{BC}$ ist?

Rückblick

Satz von den Mittelsenkrechten im Dreieck
In jedem Dreieck schneiden sich die Mittelsenkrechten der drei Dreiecksseiten in einem Punkt U.

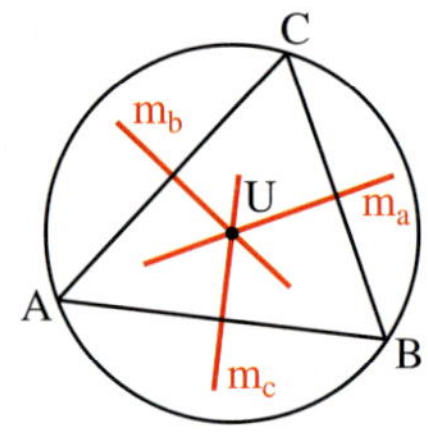

Umkreis im Dreieck
Dieser Punkt U hat von den drei Ecken des Dreiecks den gleichen Abstand.
Er ist der Umkreismittelpunkt des Dreiecks.

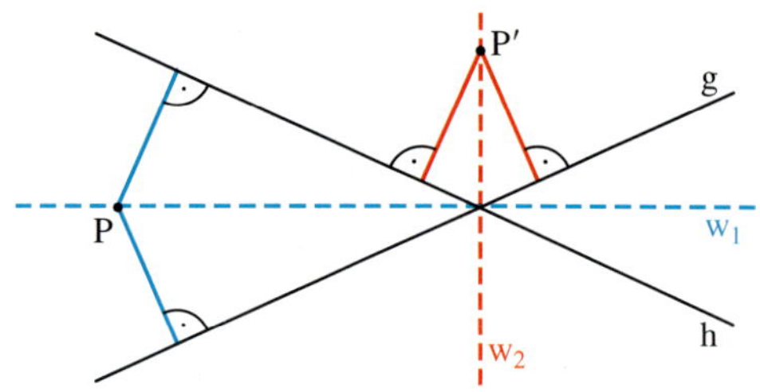

Satz von den Winkelhalbierenden
Ein Punkt P liegt genau dann auf der Winkelhalbierenden zweier sich schneidender Geraden, wenn er von beiden Geraden gleichen Abstand hat.

Winkelhalbierende im Dreieck
Die drei Winkelhalbierenden eines Dreiecks schneiden sich in einem Punkt I, der von allen drei Seiten des Dreiecks gleichen Abstand hat.
Der Punkt I ist der Mittelpunkt vom Inkreis des Dreiecks.

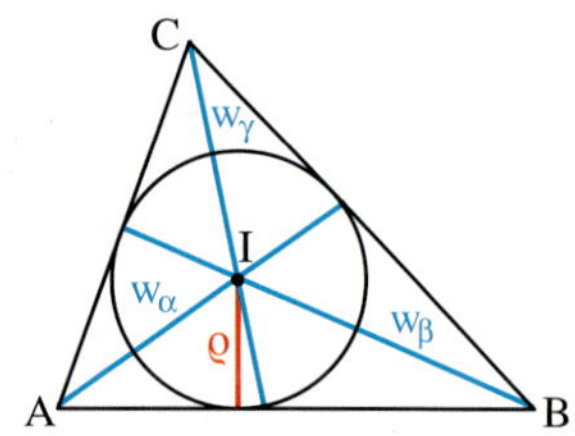

Satz von den Höhen im Dreieck
In jedem Dreieck schneiden sich die drei Höhen (oder deren Verlängerungen) in einem Punkt.

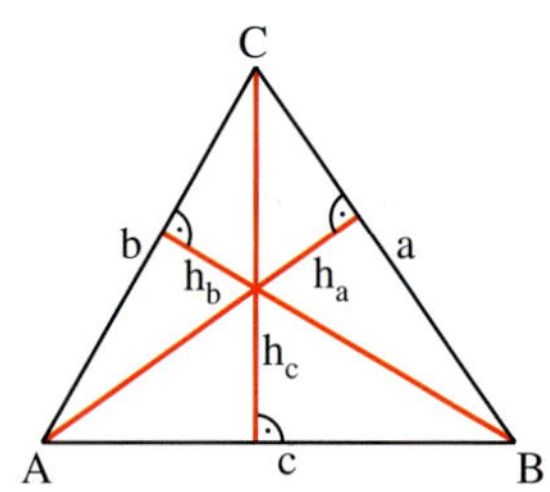

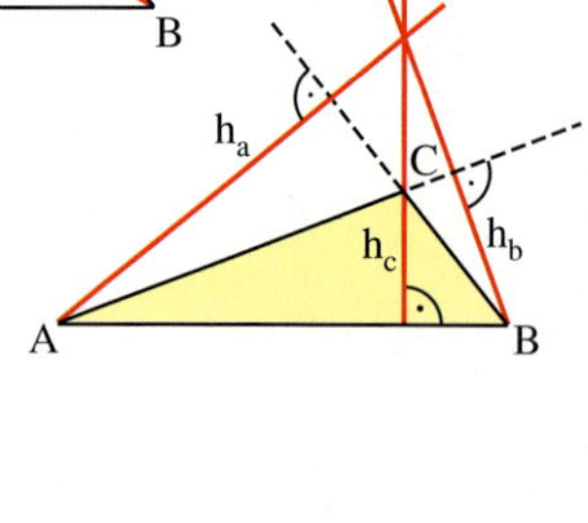

Aufgaben zum Üben und Wiederholen

1
Trage in ein Koordinatensystem die Punkte A (–3 | 0), B (4 | 0) und S (3 | 4) ein. Durch A und S ist die Gerade g, durch B und S die Gerade h festgelegt. Bestimme durch Konstruktion die Punkte P, die von g und h gleichen Abstand haben, und für die
a) $\overline{PA} = \overline{PB}$ ist
b) ∢ APS = 90° ist.

2
Konstruiere ein Dreieck ABC aus
c = 8,0 cm; h_c = 3,5 cm; a = 4,5 cm.
Wie lang darf h_c höchstens sein, damit die Konstruktion noch durchführbar ist?

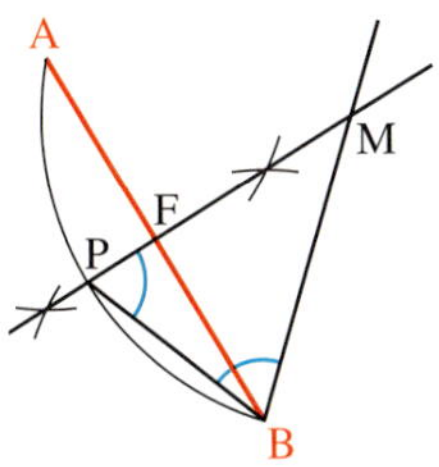

3
Euklid beschreibt in seinem Werk „Elemente“ die Konstruktion des „verlorengegangenen“ Mittelpunktes auch im Falle, dass nicht der Kreis, sondern nur ein Kreisbogen gegeben ist:
Zeichne die Sehne [AB] ein. Der Schnittpunkt der Mittelsenkrechten von [AB] und des Kreisbogens ist P. Der Winkel ∢ BPF wird an PB in B angetragen. Der freie Schenkel des Winkels schneidet die Mittelsenkrechte im gesuchten Kreismittelpunkt M. Begründe dieses Vorgehen.

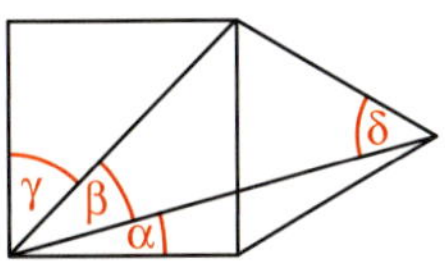

4
In der nebenstehenden Figur wurde über einer Seite eines Quadrats ein gleichseitiges Dreieck konstruiert.
Zeige: β = 2α; γ = 3α; δ = γ.

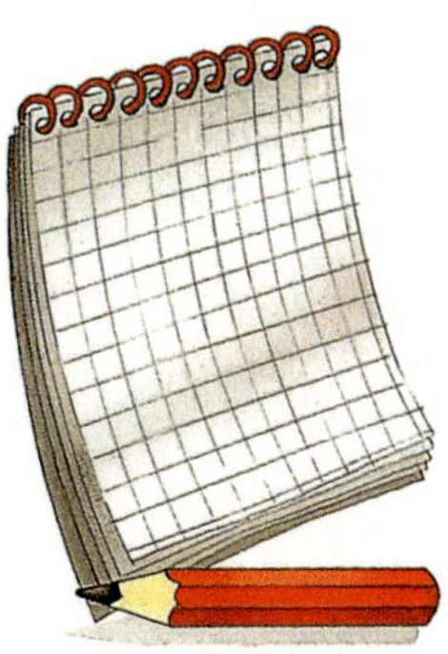

5
Widerlege durch ein geeignetes Gegenbeispiel:
a) Wenn ein Viereck vier gleich lange Seiten hat, so ist es ein Quadrat.
b) Wenn ein Viereck gleich lange Diagonalen hat, so ist es ein Rechteck.

6
Die Halbgeraden g und h bilden einen Winkel von 50°.
Konstruiere den Mittelpunkt eines Kreises, der g und h so berührt, dass die Verbindungsstrecke der Berührpunkte 6 cm lang ist.

Die Lösungen zu den Aufgaben dieser Seite findest du auf den Seiten 40 und 41.

7
In einem Heft findet sich ohne Planfigur der folgende Konstruktionsplan:

(1) B und C sind durch b = $\overline{BC}$ gegeben
(2) D liegt 1. auf dem Kreis k(B;f)
2. auf dem freien Schenkel des im C angetragenen Winkels 180° – β
(3) A liegt 1. auf dem Kreis k(D;b)
2. auf dem Kreis k(B;$\overline{CD}$)

Welche Stücke sind hier gegeben? Um welche Art von Viereck handelt es sich?

8
Ein Parallelogramm ABCD hat die Maße $\overline{AB}$ = 6 cm, $\overline{AC}$ = 8 cm und ∢ AMB = 90°, wobei M der Diagonalenschnittpunkt ist.
a) Fertige einen Konstruktionsplan an.
b) Welcher Art ist das Viereck? Begründe.

9
Konstruiere ein Parallelogramm ABCD aus a = 5,5 cm; β = 115° und ∢ ADB = 50°.
Ist die Lösung eindeutig?

10
Die Figur zeigt das Schema eines Hafenkrans. In den Punkten A, B, C und D befinden sich Drehgelenke. Der Kran kann zwischen den Positionen I (CB ⊥ GB) und II (DF ∥ GB) bewegt werden.

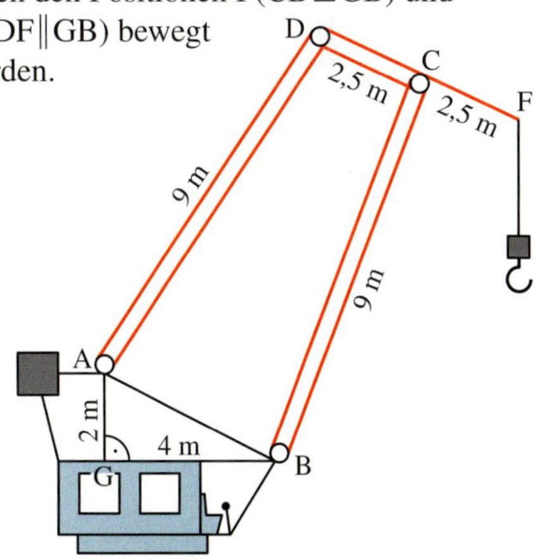

Konstruiere den Kran in beiden Positionen (Maßstab 1 : 100) und bestimme die Differenz der horizontalen Reichweiten des Krans. (Hinweis zu Position II: Ziehe eine Parallele zu BC durch D.)

Rückblick

Proportionale Zuordnungen
Gehört bei einer Zuordnung zweier Größen zu einem Vielfachen der einen Größe das gleiche Vielfache der anderen Größe, so heißt sie proportionale Zuordnung.

Beim Tanken ist die Zuordnung Benzinmenge V in $l \mapsto$ Preis P in € proportional.

	Benzinmenge	Preis	
	60 l	78 €	
: 2			: 2
	30 l	39 €	
· 3			· 3
	90 l	117 €	

Bei einer proportionalen Zuordnung $x \mapsto y$ sind die Quotienten zugeordneter Größen gleich. Der konstante Quotient $q = \frac{y}{x}$ heißt Proportionalitätsfaktor.
Die Zuordnungsvorschrift einer proportionalen Zuordnung hat die Form $x \mapsto q \cdot x$.

Der Quotient $q = \frac{P}{V}$ ist der Literpreis $1{,}30 \frac{€}{l}$.
Die Zuordnungsvorschrift lautet damit $V \mapsto 1{,}30 \frac{€}{l} \cdot V$.

Die Punkte des Graphen einer proportionalen Zuordnung liegen auf einer Geraden durch den Ursprung des Koordinatensystems.
Diese Gerade ist durch die Angabe eines Paares zugeordneter Größen festgelegt.

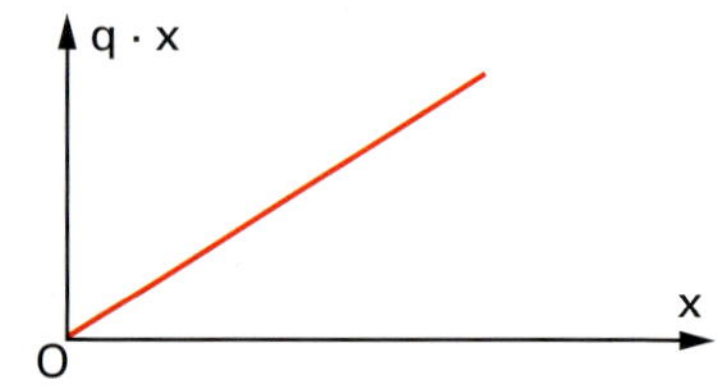

Umgekehrt proportionale Zuordnungen
Gehört bei einer Zuordnung zweier Größen zum Doppelten, zum Halben, …, zum r-fachen der einen Größe die Hälfte, das Doppelte, …, das $\frac{1}{r}$-fache der anderen Größe, so heißt sie umgekehrt proportionale Zuordnung.

Für einen bestimmten Vorrat ist die Zuordnung: Masse x einer Portion $\mapsto$ Anzahl y der Portionen umgekehrt proportional.

	Masse	Anzahl	
	300 g	20	
: 3			· 3
	100 g	60	
· 10			: 10
	1000 g	6	

Bei einer umgekehrt proportionalen Zuordnung sind die Produkte zugeordneter Größen gleich.
Die Zuordnungsvorschrift einer umgekehrt proportionalen Funktion hat die Form $x \mapsto \frac{p}{x}$, wobei p den konstanten Wert dieser Produkte zugeordneter Größen angibt.

Das Produkt $P = x \cdot y$ ist der Vorrat von 6000 g.
Die Zuordnungsvorschrift lautet damit $x \mapsto \frac{6000\,g}{x}$.

Die Punkte des Graphen einer umgekehrt proportionalen Zuordnung $x \mapsto \frac{p}{x}$ liegen auf einer Hyperbel.

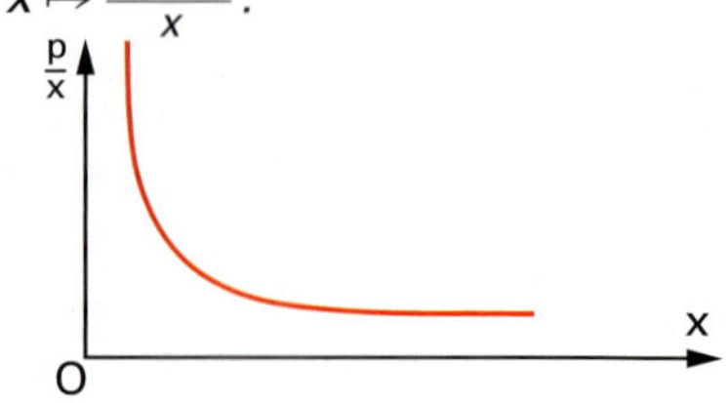

Aufgaben zum Üben und Wiederholen

1

Von welcher Art können die durch die Tabellen gegebenen Zuordnungen sein? Begründe deine Antwort. Gib die Zuordnungsvorschrift an und ergänze die fehlenden Werte.

a)

x	0,8	2	3	3,2	3,5
y		42	28		24

b)

x	3,6	6,75	8,1	10,8	11,7
y	0,4	0,75		1,2	

Eierkuchen
2 Eier
$\frac{1}{4}$ l Milch
180 g Mehl
1 Prise Salz
50 g Fett

2

Wie viel von den Zutaten des Rezepts braucht man zu drei (fünf, sieben) Eiern?

3

Bei Neubaustrecken der Deutschen Bahn AG werden 120 m lange Schienen mit der Masse von 7236 kg verwendet. Ältere Eisenbahnschienen haben eine Masse von 1 442 kg bei 30 m Länge.

a) Berechne den Quotienten $\frac{\text{Masse}}{\text{Länge}}$ für beide Schienensorten. Welche Aussage macht er über die Schienen?
b) Wie viel Prozent schwerer ist ein gleich langes Schienenstück der neuen Herstellung im Vergleich zur alten Herstellung?
c) Wie viel wiegen die beiden Schienen eines 1 km langen Gleises mit Schienen aus der neuen (älteren) Herstellung?

4

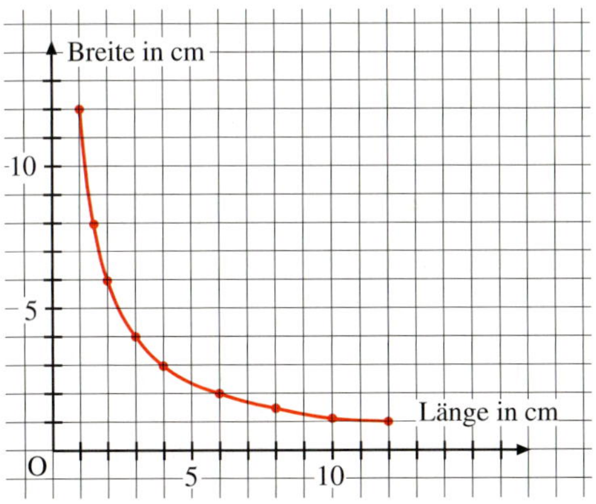

a) Erstelle eine Wertetabelle mit den Koordinaten der markierten Punkte.
b) Welche Art von Zuordnung beschreibt der Graph? Begründe deine Antwort. Gib die Zuordnungsvorschrift und die Bedeutung des Produktes zugeordneter Größen an.

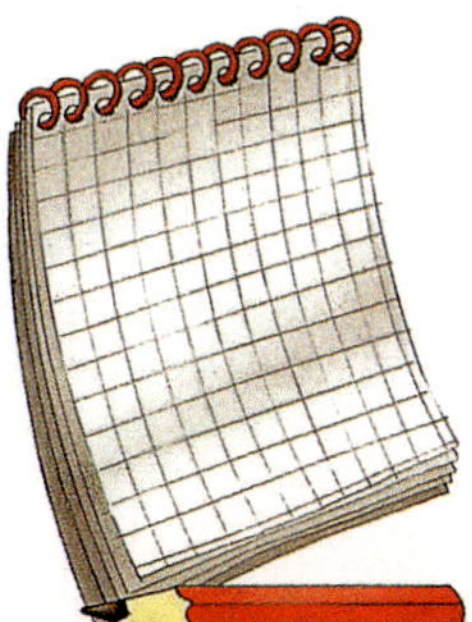

Die Lösungen zu den Aufgaben dieser Seite findest du auf Seite 42.

5

Die Wanderkasse einer Jugendgruppe enthält 870 €.

a) Von welcher Art ist die Zuordnung *Anzahl der Tage* ↦ *Ausgaben pro Tag*? Begründe deine Antwort. Gib eine Zuordnungsvorschrift an.
b) Wie viel Euro pro Tag kann die Jugendgruppe ausgeben, wenn sie 4 (6; 8; 10; 12) Tage unterwegs ist? Zeichne den Graphen der Zuordnung.
c) Von welcher Art ist die Zuordnung *Ausgaben pro Tag* ↦ *Anzahl der Tage*? Begründe die Antwort.

6

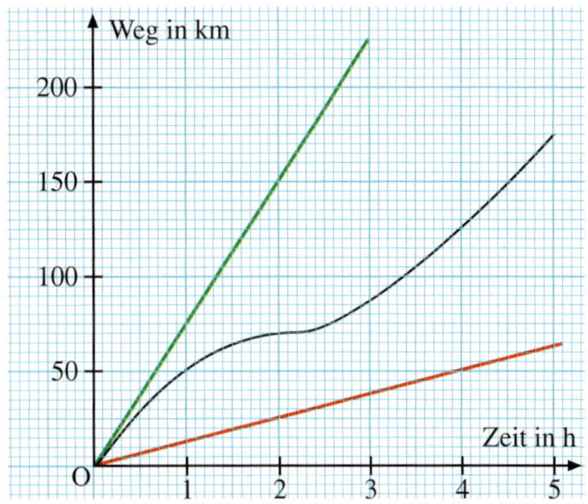

Die drei Graphen gehören zu drei Zuordnungen *Zeit* ↦ *Weg*.

a) Beschreibe die drei Bewegungen.
b) Ermittle gegebenenfalls den Proportionalitätsfaktor und gib die Zuordnungsvorschrift an.

7

Am 6. 2. um 8 Uhr betrug die Außentemperatur 3 °C. Bestimme die Außentemperatur für den 12. 4. um 8 Uhr.

8

Rechne um in die Einheit in Klammern.

a) $63\,\frac{\text{km}}{\text{h}}\left(\frac{\text{m}}{\text{s}}\right)$ b) $37{,}5\,\frac{\text{m}}{\text{s}}\left(\frac{\text{km}}{\text{h}}\right)$ c) $475\,\frac{\text{m}}{\text{min}}\left(\frac{\text{km}}{\text{h}}\right)$

9

Unter welchen Bedingungen ist die Zuordnung *Kapital* ↦ *Zinssatz* umgekehrt proportional?

Rückblick

Funktionsbegriff
Eine Zuordnung $x \mapsto y$, die jedem Wert für x jeweils nur einen einzigen Wert für y zuordnet, heißt Funktion.

Ein Graph ist nur dann Graph einer Funktion, wenn jede Parallele zur y-Achse den Graphen in höchstens einem Punkt schneidet.

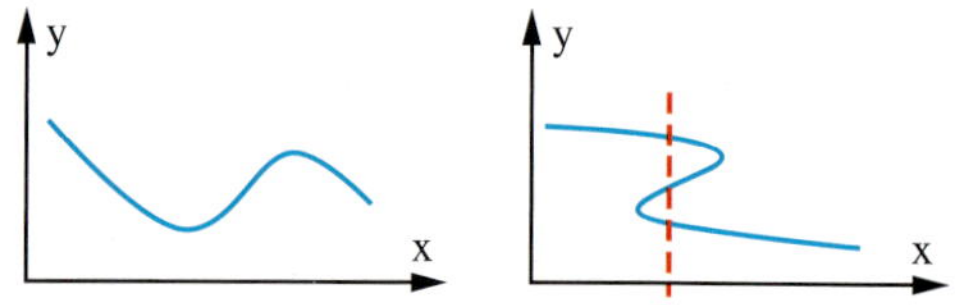

Funktionsgraph — kein Funktionsgraph

Funktion und Term
Jeder Term f(x) legt eine Funktion $f: x \mapsto f(x)$ (mit $x \in D_f$) fest.
Die Menge aller Zahlen, für die bei einer Funktion f ein Funktionswert berechnet werden soll, nennt man Definitionsmenge D_f.
Ist keine Definitionsmenge angegeben, so ist die maximale Definitionsmenge gemeint.

Ein Punkt $P(x|y)$ liegt auf dem Graphen G_f, wenn die Koordinaten von P die Funktionsgleichung $y = f(x)$ erfüllen.

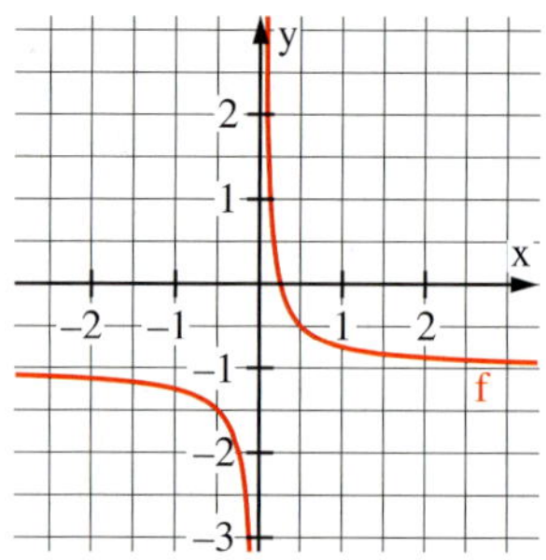

$f(x) = \frac{1}{4x} - 1$
$D_f = \mathbb{Q}\setminus\{0\}$

Wegen
$f(1) = \frac{1}{4} - 1 = -\frac{3}{4}$
gilt:
$P\left(1 \middle| -\frac{3}{4}\right) \in G_f$

Nullstelle einer Funktion
Die x-Koordinate eines Schnittpunktes eines Funktionsgraphen G_f mit der x-Achse heißt Nullstelle der Funktion f.
Eine Nullstelle der Funktion f ist die Lösung der Gleichung $f(x) = 0$.

f hat eine Nullstelle bei $x = 0{,}25$.

Proportionale Funktionen
Der Graph einer proportionalen Funktion $f: x \mapsto m \cdot x$ weist eine konstante Steigung auf und verläuft durch den Ursprung und den Punkt $P(1|m)$.
Der Faktor m gibt an, wie stark der Graph steigt $(m > 0)$ oder fällt $(m < 0)$ und wird Steigung genannt.

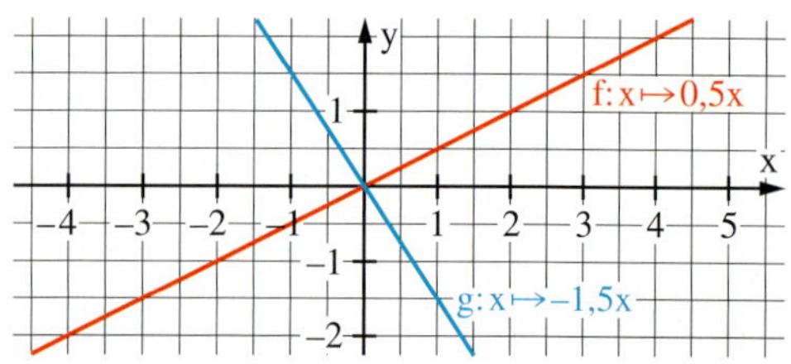

Umfang und Flächeninhalt eines Kreises
Ein Kreis mit dem Radius r hat
den Umfang $U = 2\pi \cdot r$ und
den Flächeninhalt $A = \pi \cdot r^2$.

Dabei ist $\pi \approx 3{,}14$ die Kreiszahl.

Für einen Kreis mit dem Durchmesser $d = 3{,}4\,m$ und damit dem Radius $r = 1{,}7\,m$ gilt:
Umfang: $U = 2\pi \cdot r = \pi \cdot d \approx 3{,}14 \cdot 3{,}4\,m \approx 10{,}7\,m$
Flächeninhalt: $A = \pi \cdot r^2 = \pi \cdot (1{,}7\,m)^2 \approx 3{,}14 \cdot 2{,}89\,m^2 \approx 9{,}1\,m^2$

Aufgaben zum Üben und Wiederholen

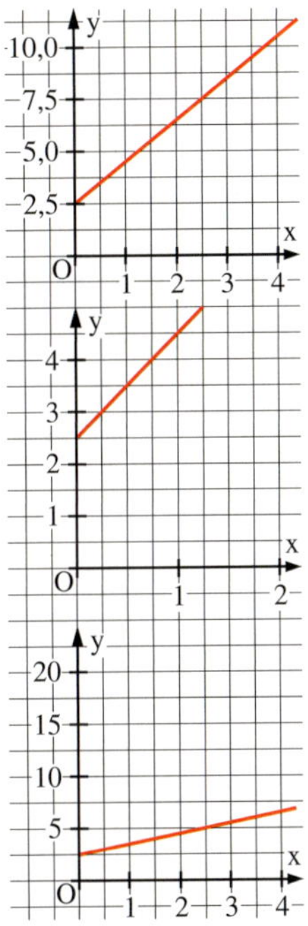

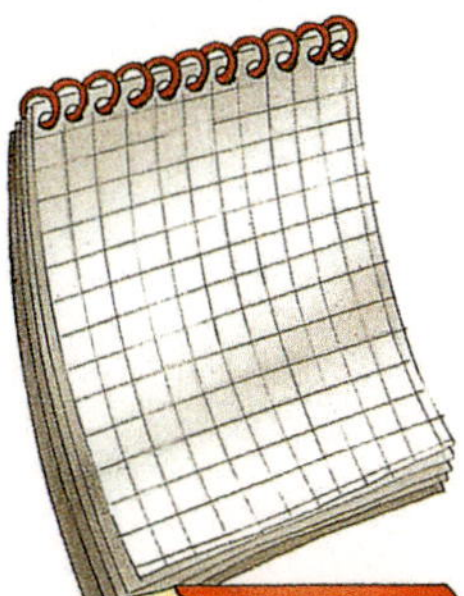

Die Lösungen zu den Aufgaben dieser Seite findest du auf den Seiten 42 bis 44.

1
Beschreibe, woran man erkennen kann, dass ein Graph kein Funktionsgraph sein kann.

2
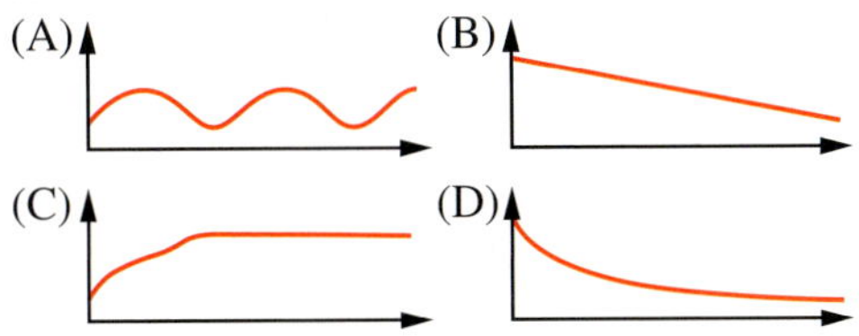

a) Welcher Graph gehört zu welcher Funktion? Ordne sinnvoll zu.
   (1) *Brenndauer ↦ Höhe einer Kerze*
   (2) *Alter eines Menschen ↦ Körpergröße*
   (3) *Zeit ↦ Höhe einer Schaukel*
   (4) *Zeit ↦ Temperatur eines sich abkühlenden Tees*

b) Zeichne die Graphen in dein Heft und beschrifte die Achsen sinnvoll (einschließlich der Zahlenskala).

c) Der sich abkühlende Tee wird wieder gleichmäßig erwärmt, nachdem er sich auf 50 % der Ausgangstemperatur abgekühlt hat. Zeichne einen Graphen in das Diagramm zu (4) ein, der dies beschreibt.

3
Christian behauptet, dass die drei Graphen (auf der Randspalte) zur selben Funktion gehören. Hat er recht? Begründe.

4
a) Eine 10 cm lange Kerze brennt in 4 h gleichmäßig ab. Zeichne den Graphen der Funktion k: *Brenndauer ↦ Kerzenhöhe.*

b) Zeichne ebenso einen Graphen für den Fall, dass die Kerze nach ein bzw. drei Stunden Brenndauer jeweils eine Stunde lang nicht brennt.

5
Gib Funktionsterm und Definitionsmenge an. Zeichne den Graphen der Funktion.

a) r: *Zahl ↦ Hälfte der Zahl*

b) f: *Zahl ↦ Quadrat der um drei erhöhten Zahl*

c) k: *Zahl ↦ Kehrwert der um drei verminderten Zahl*

6
Gib jeweils zwei verschiedene Funktionen an, die die angegebene maximale Definitionsmenge haben.

a) $D_f = \mathbb{Q}$ b) $D_g = \mathbb{Q}\setminus\{0\}$

c) $D_h = \mathbb{Q}\setminus\{-2\}$ d) $D_k = \mathbb{Q}\setminus\left\{\frac{1}{3}\right\}$

7
Zeichne jeweils den Graphen der Funktion. Gib die Nullstellen an. Für welche x-Werte sind die Funktionswerte kleiner null?

a) a: $x \mapsto 2x - 3$ b) b: $x \mapsto x^2 - 4$

c) c: $x \mapsto \frac{2}{x} + 1$ d) d: $x \mapsto \frac{1}{x-2} - \frac{1}{2}$

e) e: $x \mapsto 7 + 1\frac{1}{6}x - 2{,}5 - 2\frac{2}{3}x - 2\frac{1}{4}$

f) f: $x \mapsto 4x - 5 - 2^2x^2 - 5x + 3x^2 + 7$

g) Beschreibe den Verlauf des Graphen G_f.

8

Die Rasenfläche innerhalb einer Laufbahn besteht aus einem Rechteck und zwei Halbkreisen (Radius jeweils r = 36,50 m). Die innerste der 8 Bahnen hat einen Innenrand der Länge 400 m. Jede Bahn ist 1,20 m breit.

a) Wie lang sind die geraden Stücke der Laufbahn?

b) Wie groß ist der Inhalt der Rasenfläche?

c) Welche Kurvenvorgabe muss ein Läufer bei einem 400-m-Lauf auf der äußersten Bahn bekommen?

9
Alle Teilstrecken entlang der schwarzen Linie haben die Länge x.
Wie lang ist die Strecke x, wenn die Länge der roten Linie aus Halbkreisen 31,4 cm beträgt? (Rechne mit π = 3,14).

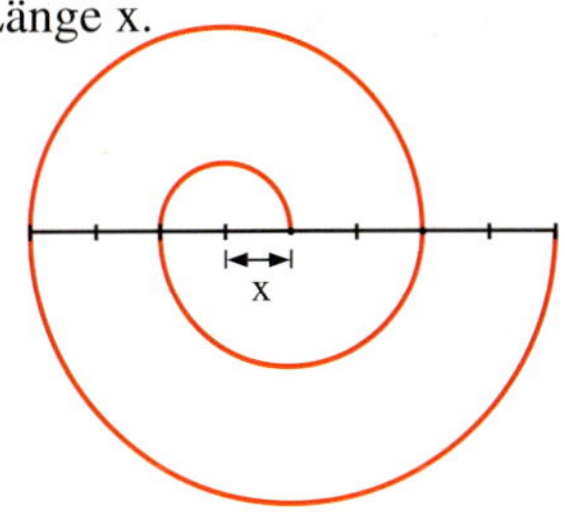

Rückblick

Lineare Funktionen

Jede Funktion $f\colon x \mapsto mx + t$ mit $m, t \in \mathbb{Q}$ nennt man eine lineare Funktion. Dabei gilt:

1. Der Graph von f ist eine Gerade, die die y-Achse im Punkt $(0|t)$ schneidet.
2. m ist die Steigung des Graphen von f.
3. Für je zwei Werte x_1 und x_2 mit $x_1 \neq x_2$ gilt: $m = \frac{f(x_2) - f(x_1)}{x_2 - x_1}$

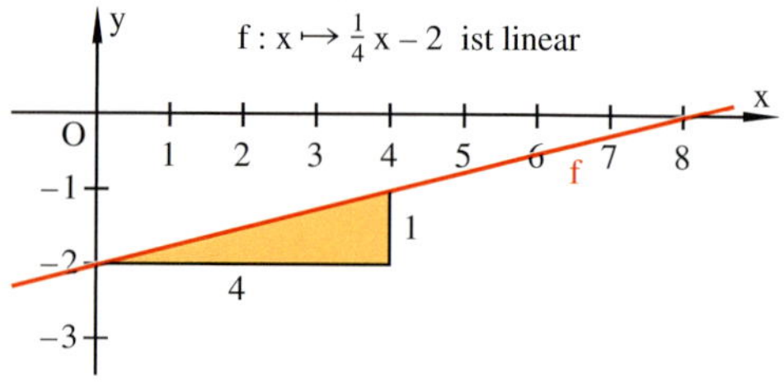

Bestimmung des Funktionsterms für lineare Funktionen

Fall 1: Man kennt einen Punkt $P(x_p|y_p)$ auf dem Graphen der Funktion f und die Steigung m des Graphen von f.

1. Schritt: f ist linear, also $f(x) = mx + t$.
2. Schritt: Auflösung der Gleichung $f(x_p) = mx_p + t = y_p$ nach t.

P(4|5) liegt auf dem Graphen der linearen Funktion f mit der Steigung 2.

1. $f(x) = 2x + t$

2. $f(4) = 2 \cdot 4 + t = 5, \Rightarrow t = -3$

Also: $f(x) = 2x - 3$

Fall 2: Man kennt zwei Punkte $P_1(x_1|y_1)$ und $P_2(x_2|y_2)$ auf dem Graphen von f.

1. Schritt: f ist linear, also $f(x) = mx + t$.
2. Schritt: Es gilt $m = \frac{f(x_2) - f(x_1)}{x_2 - x_1}$.
3. Schritt: Auflösen der Gleichung $f(x_1) = mx_1 + t = y_1$ nach t.

$P_1(3|4)$ und $P_2(5|1)$ liegen auf dem Graphen der linearen Funktion f.

1. $f(x) = mx + t$

2. $m = \frac{f(5) - f(3)}{5 - 3} = \frac{1 - 4}{2} = \frac{-3}{2} = -\frac{3}{2}$

3. $f(3) = -\frac{3}{2} \cdot 3 + t = 4, \Rightarrow t = \frac{17}{2}$

Also: $f(x) = -\frac{3}{2}x + \frac{17}{2}$

Fall 3: Man betrachtet den Graphen und kann m und t ablesen.

Lineare Funktionen und lineare Gleichungen

Man kann eine Gleichung der Form $mx + t = c$ rechnerisch oder zeichnerisch lösen.
Die rechnerische Lösung erhält man durch Äquivalenzumformungen.
Die zeichnerische Lösung erhält man so: Man zeichnet den Graphen der linearen Funktion $f\colon x \mapsto mx + t$. Am Graphen liest man ab, für welchen x-Wert man den vorgegebenen y-Wert c erhält.

Insbesondere erhält man die Nullstelle der Funktion f, wenn man die Gleichung $mx + t = 0$ löst.

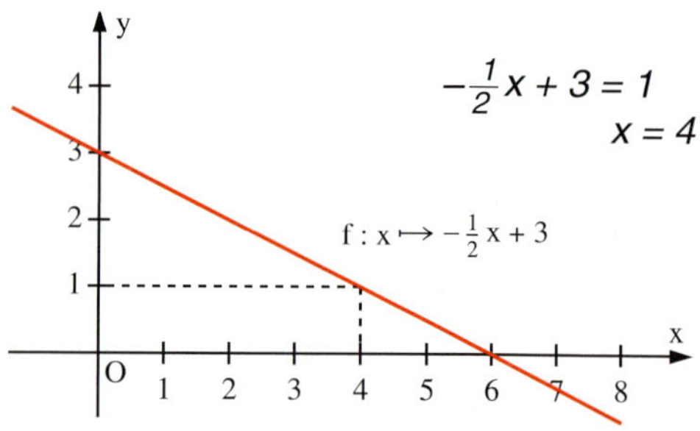

6 ist Nullstelle der Funktion f.

Lineare Ungleichungen

Ungleichungen können mit Hilfe derselben Äquivalenzumformungen gelöst werden wie Gleichungen – mit einer Ausnahme:
Bei der Multiplikation oder Division auf beiden Seiten der Ungleichung mit einer negativen Zahl muss man das Kleiner- bzw. Größerzeichen umkehren.

$(2 - x) \cdot 7 < -21$	| *Vereinfachen*
$14 - 7x < -21$	| -14
$-7x < -35$	| $:(-7)$
$x > 5$	

Die Lösungsmenge einer Ungleichung kann auch als Intervall geschrieben werden.

$L = \{x | x > 5\} =]5; \infty[$

Aufgaben zum Üben und Wiederholen

1
Die Graphen im Bild gehören zu linearen Funktionen.
Gib jeweils die Funktionsvorschrift an.

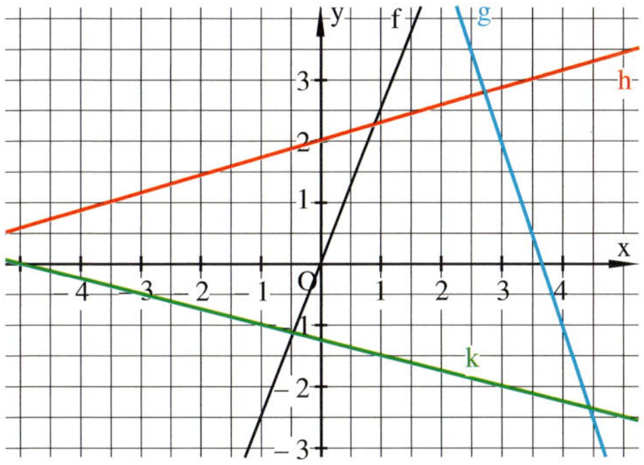

2
Zeichne den Graphen mit Hilfe eines geeigneten Steigungsdreiecks.

a) $f(x) = 2x - 3$ b) $g(x) = \frac{2}{3}x$

c) $p(x) = -\frac{7}{6}x + 3{,}5$ d) $q(x) = -\frac{3}{2}x - 1$

3
Welche der folgenden Tabellen können zu einer linearen Funktion gehören?
Begründe deine Antworten.

a)

x	–2	0	1	4	5
f(x)	2	3	3,5	5	5,5

b)

x	–2	–1	0	1	4
f(x)	2,5	1,75	0,75	0,25	–2

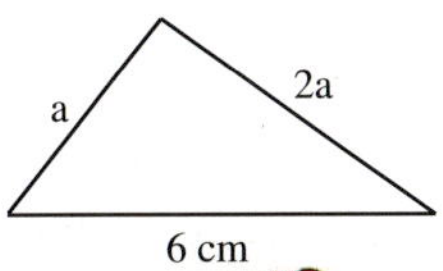

4
Wie lang muss a sein, damit der Umfang des Dreiecks größer als 30 cm ist?
Arbeite mit einer Ungleichung.

5
Der Punkt P liegt auf dem Graphen einer linearen Funktion f mit der Steigung m. Bestimme eine Funktionsvorschrift und die Schnittpunkte mit den Koordinatenachsen.

a) $P(2|3)$; $m = -2$ b) $P(5|4)$; $m = 0{,}5$

6
Die Punkte P und Q liegen auf dem Graphen einer linearen Funktion. Bestimme jeweils eine Funktionsvorschrift und die Nullstelle.

a) $P(-1|2)$; $Q(3|6)$ b) $P(3|-4)$; $Q(5|7)$

Die Lösungen zu den Aufgaben dieser Seite findest du auf den Seiten 44 und 45.

7
Prüfe, ob die Punkte $A(1|0)$, $B(-2|-4{,}5)$ und $C(3|3)$ auf einer Geraden liegen.

8
Ein Wasserbehälter enthält 2500 *l* Wasser.

a) In jeder Minute fließen 200 *l* zu. Gib eine Funktionsvorschrift für die Funktion *Zeit* (in min) ↦ *Wassermenge im Behälter* (in *l*) an und zeichne den Graphen.

b) Nach wie viel Minuten enthält der Behälter 3250 *l* Wasser? Löse die Aufgabe zeichnerisch und rechnerisch.

c) Gib die Funktionsvorschrift an und zeichne den Graphen, wenn in jeder Minute 400 *l* Wasser abfließen.

9
Löse die Gleichungen zeichnerisch und rechnerisch.

a) $-2x + 6 = 1$ b) $\frac{3}{4}x + 1 = 4$

c) $-\frac{2}{5}x + 3 = \frac{7}{2}$ d) $1{,}2x - 3 = 0{,}6$

10
Bestimme die Lösungsmenge und schreibe sie als Intervall.

a) $\frac{1}{3}x + 2 > 0$ b) $3x - 4 < 6x + 1$

c) $\frac{1}{2}(3 - x) \geqq \frac{7}{4}x$ d) $2 \leqq \frac{1}{4}x + 2(1 + x)$

11
Bestimme die Lösungsmenge der Ungleichung $\frac{4}{3}x + 1 \geqq -\frac{2}{3}x - 2$ rechnerisch und graphisch.

12
a) Bestimme den Schnittpunkt R der Geraden a und b mit den Gleichungen
a: $y = \frac{2}{5}x - 1$ und b: $y = -\frac{1}{5}x + 2$

b) Bestimme den Flächeninhalt des Dreiecks, das von den Geraden a und b und der y-Achse eingeschlossen wird.

13
Bestimme die Gleichung einer Geraden, die

a) durch den Punkt $P(1{,}5|-2{,}5)$ geht und parallel zur Geraden mit der Gleichung $y = \frac{1}{3}x + \frac{2}{3}$ verläuft.

b) bei $x = 5$ die Nullstelle hat und die Steigung –0,5 besitzt.

Rückblick

Lineare Gleichungen mit zwei Variablen

Für lineare Gleichungen der Form $a\,x + b\,y = c$ (bei der nicht gleichzeitig $a = 0$ und $b = 0$ sind) mit den Variablen x und y gilt:

1. Jede Lösung besteht aus einem Zahlenpaar.
2. Es gibt unendlich viele Lösungen.
3. Die den Lösungen entsprechenden Punkte liegen auf einer Geraden.

Lösungen der Gleichung $4x - 2y = 2$ sind z. B. (1| 1) und (0|–1)

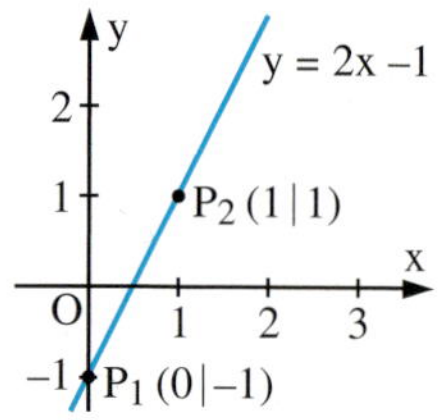

Lineare Gleichungssysteme mit zwei Variablen (LGS)

Zwei lineare Gleichungen mit zwei Variablen wie z. B.

(I) $3x + 7y = 10$
(II) $5x - y = 3$

bilden ein lineares Gleichungssystem mit zwei Variablen.
Ein Zahlenpaar heißt Lösung eines linearen Gleichungssystems mit zwei Variablen, falls das Paar jede Gleichung des Systems erfüllt.

Zeichnerisches Lösen eines LGS mit zwei Variablen

Zunächst zeichnet man die zu den beiden Gleichungen gehörenden Geraden. Die gemeinsamen Punkte der beiden Geraden erfüllen beide Gleichungen und veranschaulichen somit die Lösung des linearen Gleichungssystems.

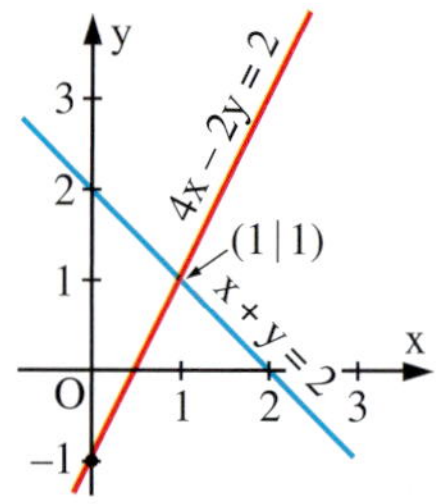

$4x - 2y = 2$
$x + y = 2$
Lösung: (1| 1)

Zwei Rechenverfahren zum Lösen eines LGS

1. Beim **Einsetzungsverfahren** wird eine der beiden Gleichungen nach einer Variablen aufgelöst. Der Term, den man für diese Variable erhält, wird dann in die andere Gleichung eingesetzt und so der Wert der 2. Variable bestimmt.
   Mit diesem Wert wird durch Einsetzen in den obigen Term der Wert der 1. Variable bestimmt.
2. Beim **Additionsverfahren** werden die beiden Gleichungen so addiert, dass dabei eine Variable „wegfällt“. Dazu muss häufig zunächst eine Gleichung mit einer geeigneten Zahl multipliziert werden. Die Lösung der durch die Addition entstandenen Gleichung wird in eine der ursprünglichen Gleichungen eingesetzt und so der Wert der anderen Variablen bestimmt.

Einsetzungsverfahren:

(I) $y + 1 = 2x$
(II) $2x + y = 7$
(I) nach y auflösen: $y = 2x - 1$
und in (II) einsetzen: $2x + 2x - 1 = 7$
Gleichung lösen: $x = 2$
x = 2 einsetzen: $y = 2 \cdot 2 - 1 = 3$

Additionsverfahren:

(I) $3x - 4y = 5$
(II) $x - 2y = -1$ | $\cdot(-3)$
(I) $3x - 4y = 5$
(IIa) $-3x + 6y = 3$ | (I) + (IIa)
$2y = 8 \Rightarrow y = 4$
y = 4 einsetzen: $x - 2 \cdot 4 = -1 \Rightarrow x = 7$

Lineare Gleichungssysteme in Anwendungssituationen

Hilfreich ist die Beachtung der folgenden Schritte:

1. Variablen einführen
2. Gleichungen aufstellen
3. Gleichungssystem lösen
4. Ergebnis überprüfen und formulieren

Die Differenz zweier Zahlen ist 4, ihre Summe ist 22. Wie heißen die Zahlen?

1. *x, y: die beiden gesuchten Zahlen*
2. *(I) $x - y = 4$*
   (II) $x + y = 22$
3. *(I) + (II) $2x = 26 \Rightarrow x = 13;\ y = 9$*
4. *Probe: $13 - 9 = 4$ ✓ und*
   $13 + 9 = 22$ ✓
   Die Zahlen lauten 13 und 9.

Aufgaben zum Üben und Wiederholen

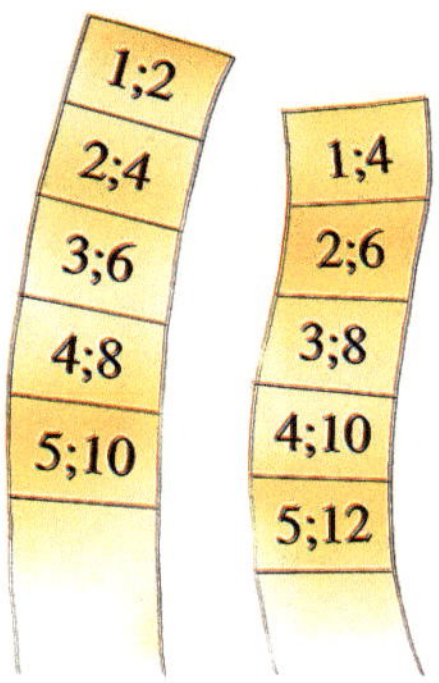

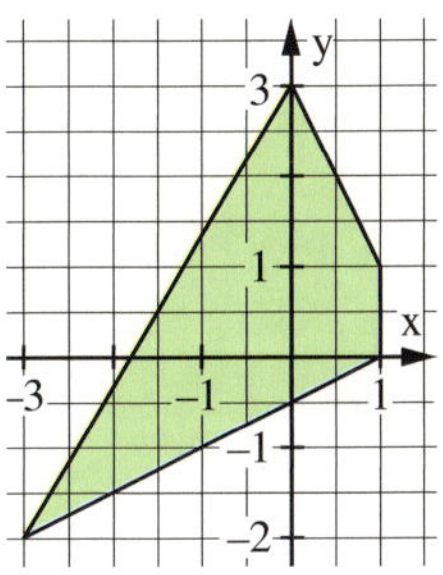

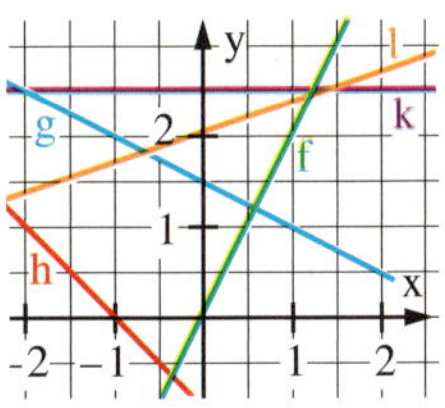

Die Lösungen zu den Aufgaben dieser Seite findest du auf den Seiten 46 und 47.

1

Stelle die Lösungsmenge graphisch dar.

a) $3y = 9x + 3$ b) $-4x + y = 0$

c) $-0{,}4x + 1{,}2y = 2$ d) $16y + 28x = -12$

2

Auf jedem Papierstreifen stehen Lösungen einer linearen Gleichung mit zwei Variablen. Wie lauten mögliche zugehörige Gleichungen in der Form $ax + by = c$? Wie viele Lösungspaare benötigt man, um die Gleichung aufzustellen?

3

Veranschauliche die Lösungen jeweils zusammen in einem Koordinatensystem.

a) $y \leqq 2x - 1$; $y < 4 - \frac{1}{2}x$ b) $3y + x > 1$; $x - \frac{1}{2}y \geqq 4$

c) $4x - 5y < 4$; $x - 2y > 3$ d) $2y < 5$; $x \leqq -2$

4

Betrachte das grüne Viereck und bestimme alle Ungleichungen, so dass die Punkte, die diese Ungleichungen erfüllen, genau den Punkten des Vierecks entsprechen.

5

Stelle zu jeder der abgebildeten Geraden die Gleichungen in der Form $ax + by = c$ auf. Überlege dir, wie viele Schnittpunkte es insgesamt gibt und bestimme diese dann exakt.

6

Bestimme die Anzahl der Lösungen.

a) $3y = 2x + 3$; $y + 1 = \frac{2}{3}x$ b) $\frac{1}{2}x + \frac{1}{3}y = \frac{2}{3}$; $\frac{1}{2}x - \frac{1}{3}y = \frac{1}{6}$

c) $0{,}8x + y = 0{,}6$; $0{,}2x + 0{,}25y = 0{,}15$ d) $0{,}5y = x - 1$; $y + 4 = 2x$

7

Löse das Gleichungssystem.

a) $y = 4x - 2$; $y = 5x - 3$ b) $-5y + x = -5$; $4y = 2 + x$

c) $5y - 2 - x = 0$; $6y - x - 3 = 0$ d) $y = 5 - 0{,}1x$; $2y - 0{,}2x = 10$

e) $\frac{7}{10}x + \frac{8}{10}y = 0$; $0{,}3x + 0{,}4y = 0$ f) $3x = 8 - 2y$; $2y = x - 8$

8

a) Die lineare Gleichung $2x + 5y = 0$ hat z. B. die Lösung (5|–2). Wenn wir den x- und den y-Wert vervielfachen, erhalten wir weitere Lösungen wie z. B. (10|–4), (15|–6) usw.
Gilt dies für alle linearen Gleichungen? Begründe.

9

Löse rechnerisch mit dem Verfahren, das dir geeignet scheint.

a) $5{,}4u + 6{,}4v = 5$; $5{,}4u = -3{,}6v + 0{,}8$ b) $r - 2s = 19$; $r + 2s = 23$

c) $x = 2\frac{1}{2}y - \frac{1}{5}$; $6y = 2x + 1\frac{1}{5}$ d) $3a + 5b = 2$; $a - 5b = 8$

e) $5p = -3q + 7$; $5p = -4q + 7$ f) $5x + 3y = 7$; $-5x + 9y = 13$

10

Das Dreifache einer Zahl und das Vierfache einer anderen Zahl ergeben zusammen 52. Subtrahiert man vom Fünfzehnfachen der zweiten Zahl das Dreizehnfache der ersten Zahl, so erhält man 1.
Wie heißen die beiden Zahlen?

11

Für ein Jugendtreffen wurden insgesamt 12 Zelte aufgebaut. Es wurden nur 3- und 4-Personenzelte verwendet. Alle Zelte waren voll belegt. In den 3-Personen-Zelten schliefen die Mädchen, in den 4-Personen-Zelten schliefen die Jungen.
Wie viele der insgesamt 43 Teilnehmer des Zeltlagers waren Mädchen?

12

Gegeben sind die Punkte

a) A(–1|1), B(4|6), C(2|0) und D(–4|3),

b) A(0|–2), B(4|3), C(0|–3) und D(6|1,5).

Stelle mit Hilfe eines linearen Gleichungssystems die Gleichungen der Geraden AB und CD auf. Überprüfe dein Ergebnis, indem du die Geraden und die Punkte in ein Koordinatensystem zeichnest.
Ermittle den Schnittpunkt der Geraden zeichnerisch und rechnerisch.

V Laplace-Wahrscheinlichkeit

Rückblick

Ergebnismenge (Ergebnisraum)
Die Menge aller möglichen Ergebnisse eines Zufallsexperiments nennt man Ergebnismenge. Sie wird mit Ω bezeichnet. Die einzelnen Ergebnisse bezeichnet man mit $\omega_1, \omega_2, \omega_3, \ldots$.

Werfen eines Würfels:
$\Omega = \{1; 2; 3; 4; 5; 6\}$
Werfen einer Münze: $\Omega = \{Kopf; Zahl\}$
oder $\Omega = \{0; 1\}$

Teilmenge
A ist eine Teilmenge der Menge Ω, wenn jedes Element von A auch in Ω enthalten ist. Schreibweise: $A \subset \Omega$.
Es gilt: $\emptyset \subset \Omega$ und $\Omega \subset \Omega$.

$\{2; 4; 6\} \subset \{1; 2; 3; 4; 5; 6\}$

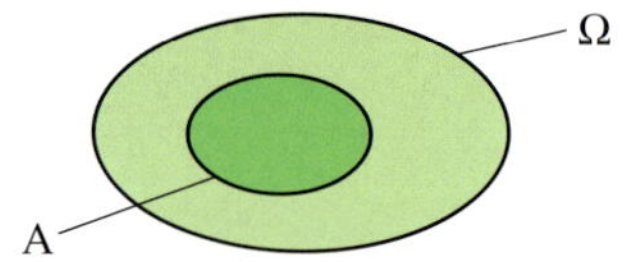

Ereignis
Bei einem Zufallsexperiment nennt man jede Teilmenge A der Ergebnismenge Ω Ereignis. Man sagt: Das Ereignis A ist eingetreten, wenn bei einer Durchführung des Zufallsexperiments ein Ergebnis aus A auftritt.

Ereignis A beim Würfelwurf sei „Augenzahl gerade", also $A = \{2; 4; 6\}$.
Das Ereignis A tritt ein, wenn eine 2, 4 oder 6 gewürfelt wird.

Gegenereignis
Das Gegenereignis $\overline{A}$ zum Ereignis A besteht aus den Ergebnissen von Ω, die nicht zu A gehören. Schreibweise: $\overline{A} = \Omega \setminus A$

Werfen eines Würfels:
$\Omega = \{1; 2; 3; 4; 5; 6\}$.
Sei $A = \{2; 4; 6\}$, dann $\overline{A} = \{1; 3; 5\}$

Wahrscheinlichkeit
Bei einem Zufallsexperiment wird jedem Ereignis A eine Wahrscheinlichkeit P(A) zwischen null und eins zugeordnet.
Die Wahrscheinlichkeit P(A) wird durch das Experiment
(z. B. Würfeln: P(„gerade Zahl") = 0,5) oder
durch die sich stabilisierende relative Häufigkeit eines Ereignisses
(z. B. Reißnagel, P(„Kopf")) nahe gelegt.

Laplace-Experimente
Zufallsexperimente, bei denen alle Ergebnisse gleich wahrscheinlich sind, heißen Laplace-Experimente. Man sagt: Die Laplace-Annahme ist erfüllt. Hat ein Laplace-Experiment n Ergebnisse, dann beträgt die Wahrscheinlichkeit für jedes Ergebnis $\frac{1}{n}$.

Werfen eines Würfels, der nicht gezinkt ist. Werfen einer Münze, die nicht manipuliert ist.

Laplace-Wahrscheinlichkeit
Für Laplace-Experimente gilt: Die Wahrscheinlichkeit P(A) eines Ereignisses A erhält man, indem man die Anzahl der für A günstigen durch die Gesamtzahl der möglichen Ergebnisse dividiert:

$$P(A) = \frac{\text{Anzahl der für A günstigen Ergebnisse}}{\text{Anzahl der möglichen Ergebnisse}} = \frac{|A|}{|\Omega|}$$

Würfeln: $\Omega = \{1; 2; 3; 4; 5; 6\}$.
Ereignis A sei „Augenzahl gerade", also $A = \{2; 4; 6\}$.
$P(A) = \frac{|A|}{|\Omega|} = \frac{3}{6} = 0{,}5$

Zählprinzip
Zieht man aus k verschiedenen Mengen mit $m_1, m_2, \ldots m_k$ Elementen jeweils ein Element, so gibt es insgesamt $m_1 \cdot m_2 \cdot \ldots \cdot m_k$ Möglichkeiten.

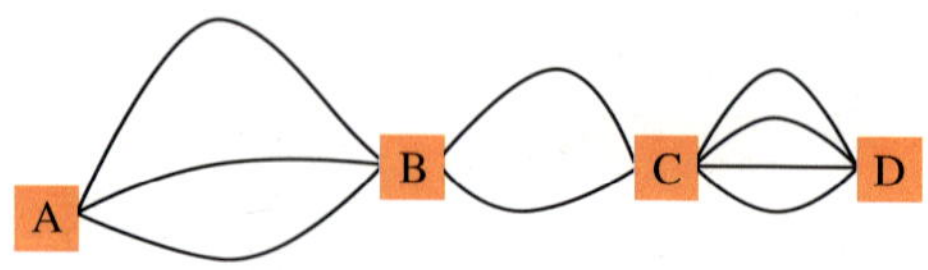

Es gibt $3 \cdot 2 \cdot 4 = 24$ verschiedene Wege von A über B und C nach D.

Aufgaben zum Üben und Wiederholen

1
Ein Multiple-Choice-Test besteht aus insgesamt 10 Fragen. Für jede Frage werden 3 Antworten angeboten, von denen jeweils genau eine richtig ist. Ein ahnungsloser Kandidat kreuzt auf gut Glück jeweils eine Antwort an. Mit welcher Wahrscheinlichkeit hat er
a) alle Antworten
b) genau die ersten vier Antworten
c) mindestens eine Antwort richtig angekreuzt?

(1)

(2)

2
Jeder der abgebildeten Körper setzt sich aus Würfeln zusammen. Die gesamte Oberfläche der Körper ist jeweils blau angemalt. Jeder Körper wird in seine Würfel zerlegt, die in eine Urne gelegt werden, aus der anschließend einer gezogen wird.
Mit welcher Wahrscheinlichkeit hat der gezogene Würfel von Körper (1) bzw. (2) keine, genau eine (zwei, drei, vier, fünf) blau angestrichene Fläche(n)?

3
In einer Urne liegen eine rote und vier weiße Kugeln.
a) Wie groß ist die Wahrscheinlichkeit, dass man beim Hineingreifen die rote Kugel erwischt?
b) Frank hat beim ersten Zug eine weiße Kugel gezogen. Wie groß ist die Wahrscheinlichkeit, dass er nun beim zweiten Versuch die rote Kugel erwischt? Die erste Kugel wurde nicht wieder zurückgelegt.

4
Peter packt ein Geschenk ein. Er hat 8 verschiedenfarbige Geschenkpapiere, und ebenso viele Geschenkbänder, die die gleichen Farben wie die Geschenkpapiere haben. Wie viele Möglichkeiten hat er, das Geschenk mit Papier und Band einzupacken, wenn
a) Papier und Band verschiedenfarbig sein sollen
b) Papier und Band auch gleichfarbig sein können.

5
Eine Urne enthält 11 Kugeln, welche die Zahlen 10 bis 20 tragen. Das Zufallsexperiment besteht im Ziehen einer Kugel und Feststellen ihrer Nummer. Gib die Wahrscheinlichkeiten folgender Ereignisse an:
A: Die Quersumme der Kugelnummer ist gerade.
B: Die Quersumme der Kugelnummer ist größer als 6.
C: Die Anzahl der Teiler der Kugelnummer beträgt mindestens 4.
D: Die Kugelnummer ist eine Primzahl.
E: Die Kugelnummer ist nicht gerade, aber durch 3 teilbar.

6
Gegeben sind die Ziffern 0, 1, 2, 3. Wie viele verschiedene 4-stellige Zahlen kann man aus ihnen bilden, wenn
a) in jeder Zahl alle Ziffern verschieden sein sollen,
b) die Ziffern nicht unterschiedlich sein müssen,
c) die Null nicht vorkommen soll,
d) die Eins nicht vorkommen soll?

Zu Aufgabe 7:

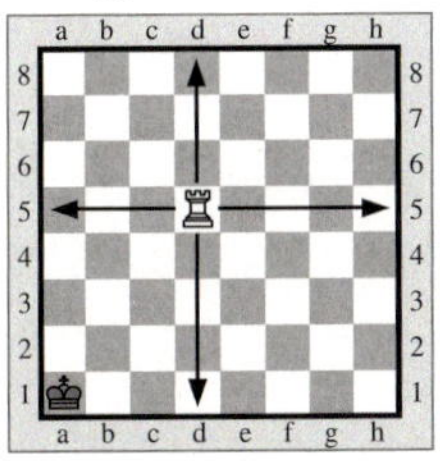

7
Auf einem Schachbrett steht nur der schwarze König auf A1.
a) Ein weißer Turm wird zufällig auf eines der 63 freien Felder gestellt. Mit welcher Wahrscheinlichkeit bietet er Schach?
b) Die weiße Dame wird zufällig auf eines der 63 freien Felder gestellt. Mit welcher Wahrscheinlichkeit bietet sie Schach?
c) Die Position des Königs wird geändert. In welcher Position ist die Wahrscheinlichkeit am größten, dass ihm durch den zufällig auf ein freies Feld gestellten Turm (Dame) Schach geboten wird?

8
Rebecca nimmt 10 verschiedene CDs aus ihrem CD-Ständer und legt sie in zufälliger Reihenfolge auf den CD-Wechsler.
Wie groß ist die Wahrscheinlichkeit, dass sie erst die CD „Seiltänzertraum“, dann „Unlimited: Live in Concert No. 1“ und als Drittes „Rock-Live“ aufgelegt hat?

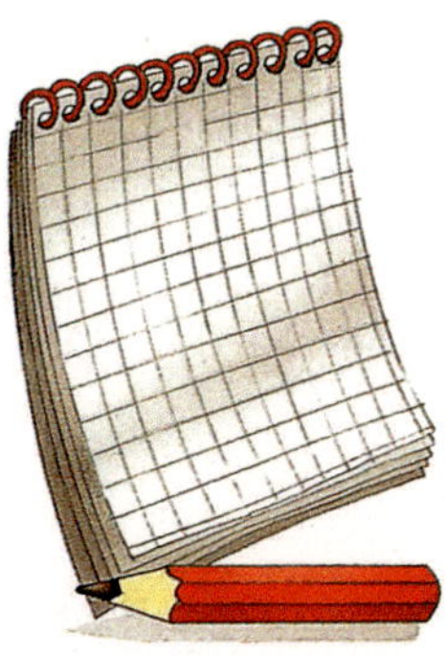

Die Lösungen zu den Aufgaben dieser Seite findest du auf den Seiten 47 und 48.

Rückblick

Gebrochen rationale Funktionen

Funktionen wie f: $x \mapsto \frac{1}{x}$, g: $x \mapsto \frac{3}{x+2}$, h: $z \mapsto \frac{2-z}{z^2}$, deren Funktionsterm ein Bruchterm ist, nennt man gebrochen rationale Funktionen. Alle Zahlen, für die der Nenner null wird, können nicht zur Definitionsmenge der Funktion gehören.

Eine Gerade, der sich der Graph einer Funktion beliebig genau annähert, nennt man eine Asymptote des Funktionsgraphen. Man unterscheidet senkrechte und waagrechte Asymptoten.

Für die gebrochen rationale Funktion f: $x \mapsto \frac{1+0{,}5x}{x+1{,}5}$ gehört die Zahl $-1{,}5$ nicht zur Definitionsmenge. $D = \mathbb{Q} \setminus \{-1{,}5\}$

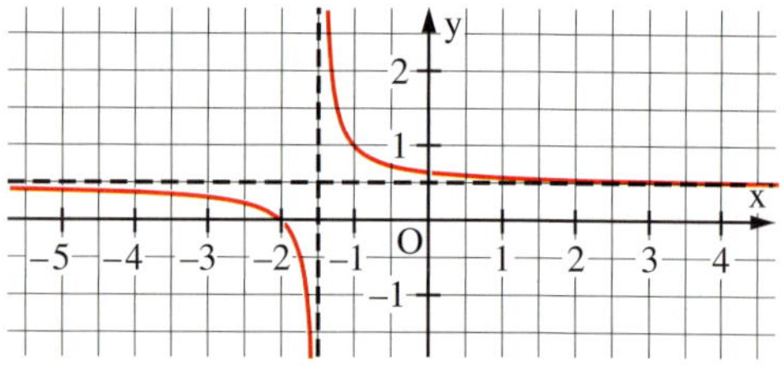

Rechnen mit Bruchtermen

Beim Kürzen werden Zähler und Nenner eines Bruchterms jeweils durch denselben Term dividiert, beim Erweitern umgekehrt jeweils mit demselben Term multipliziert.

$$\frac{x^2+2x}{4+2x} = \frac{x(x+2)}{2(2+x)} = \frac{x}{2}$$

Bruchterme mit gleichen Nennern werden addiert (subtrahiert), indem man die Zähler addiert (subtrahiert) und den Nenner beibehält. Bruchterme mit verschiedenen Nennern müssen vor dem Addieren (Subtrahieren) auf den gleichen Nenner gebracht werden.

$$\frac{4}{x} - \frac{2x-3}{x-1} = \frac{4(x-1)}{x(x-1)} - \frac{(2x-3)x}{(x-1)x} = \frac{4x-4-(2x^2-3x)}{x(x-1)} = \frac{-2x^2+7x-4}{x(x-1)}$$

Bruchterme werden miteinander multipliziert, indem man Zähler mit Zähler und Nenner mit Nenner multipliziert.

$$\frac{3x}{2x+1} \cdot \frac{2x+1}{x^2} = \frac{3x \cdot (2x+1)}{(2x+1) \cdot x \cdot x} = \frac{3}{x}$$

Durch einen Bruchterm wird dividiert, indem man mit seinem Kehrbruchterm multipliziert.

$$\frac{2x}{x+1} : \frac{x-2}{x+1} = \frac{2x \cdot (x+1)}{(x+1)(x-2)} = \frac{2x}{x-2}$$

Negative Exponenten

Die Definition der Potenzen wird durch $x^{-n} = \frac{1}{x^n}$ sinnvoll erweitert. Es gilt dann $x^m \cdot x^n = x^{m+n}$ und $x^m : x^n = x^{m-n}$ für beliebige ganze Zahlen m und n.

$$\frac{x^3 \cdot x^{-4}}{x^{-2}} = x^{3-4} \cdot x^2 = x^{-1} \cdot x^2 = x^1 = x$$

Bruchgleichungen

Bruchgleichungen werden durch Multiplikation, mit dem Hauptnenner der vorkommenden Nenner in nennerfreie Gleichungen umgeformt.

Lösungen der Bruchgleichung können nur solche Lösungen der nennerfreien Gleichung sein, für die kein Nenner gleich null wird.

$$\frac{2x-1}{1-3x} = \frac{x+1}{6x-2}$$

$$\frac{2x-1}{1-3x} = \frac{x+1}{-2(-3x+1)} \qquad | \cdot (-2)(1-3x)$$

$$-2(2x-1) = x+1$$

$$-4x+2 = x+1$$

$$x = \frac{1}{5}$$

$x = \frac{1}{5}$ ist Lösung der Bruchgleichung, da diese für $x = \frac{1}{5}$ definiert ist.

Aufgaben zum Üben und Wiederholen

Die Lösungen zu den Aufgaben dieser Seite findest du auf den Seiten 48 und 49.

1

Erstelle eine geeignete Wertetabelle und zeichne den Funktionsgraph. Gib die Gleichungen der Asymptoten an.

a) $f\colon x \mapsto \frac{1}{2x}$ b) $f\colon x \mapsto \frac{2}{1+2x}$

c) $f\colon x \mapsto \frac{3x-1}{2x-1}$ d) $f\colon x \mapsto \frac{x+2}{4-x}$

2

Vereinfache den Funktionsterm und gib ohne Zeichnung die Gleichungen der Asymptoten an.

a) $\frac{4}{2x} + \frac{2x}{x^2} - \frac{2x+1}{x} - \frac{2}{0{,}5x} + 2$

b) $3:(x-2)$ c) $\frac{4x}{3x^2+2x} \cdot 2x$

d) $\frac{4}{3x-2} + \frac{4}{2x-3x^2} - \frac{2}{x}$

3

Gib eine gebrochen rationale Funktion mit den gegebenen Asymptoten an.

a) $x = -2{,}5$ b) $y = -2$

c) $x = 1{,}5$ und $y = -0{,}5$

4

Kürze so weit wie möglich.

a) $\frac{3x+x^2}{3x-x^3}$ b) $\frac{3x-6}{4-2x}$ c) $\frac{4x-x^2}{2x-8}$ d) $\frac{26}{65}$

5

Gib zu den vier in das Koordinatensystem eingezeichneten Graphen die Funktionsgleichungen an.

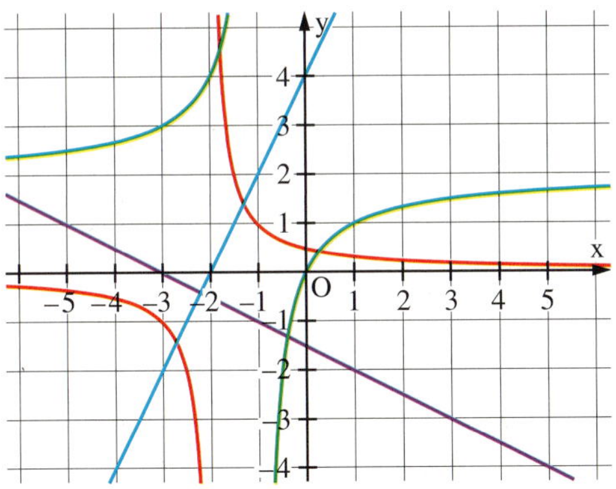

6

Fasse die Bruchterme zusammen und vereinfache möglichst weit.

a) $3 + \frac{1}{x} + \frac{1}{1+x}$ b) $\frac{5x+1}{2x-6} \cdot \frac{3-x}{5x-1}$

c) $\frac{7x-1}{12x^2} - \frac{2}{15x}$ d) $\frac{2-x}{3x} : \frac{x^2-2x}{15x^2}$

7

Vereinfache die Terme möglichst weit.

a) $\frac{3}{4x} + \frac{3x-9}{4x+1} : \frac{3-x}{1-2x}$ b) $-\frac{-2x-1}{-2x+1}$

c) $\frac{x-1}{3x} + \frac{4x^2+2x-8}{6x^2+6x} - \frac{x^2-2}{x^2+x}$

8

Löse die Gleichung.

a) $\frac{2x-3}{2-5x} = 2$ b) $2(x-2) = \frac{3x-0{,}5}{4}$

c) $x^{-3} = -1$ d) $1 - 40\,\% \cdot x = 60\,\% - x$

e) $\frac{1}{2} - \frac{2}{x} = \frac{4}{9}$ f) $\frac{3x-1}{2-3x} = \frac{2+5x}{6x-4}$

g) $x^{-1} + x^{-2} = 0$ h) $\frac{x-2}{2x+1} - 1 = \frac{0{,}5x+3}{2-x}$

i) $\frac{2(x-2)}{1-x} + 1 = \frac{x-3}{2-x}$ k) $\frac{2x+1}{2x-1} - \frac{6}{2-4x} = 1$

9

Fasse zusammen.

a) $\frac{x^3 \cdot x^{-4}}{x^{-5}}$ b) $(2y)^{-2} \cdot \frac{y^7}{4}$ c) $x^{-3} \cdot x^6 + x^{-2}$

10

Es ist stets möglich, durch Addition einer geeigneten Zahl zum Zähler und zum Nenner eines Bruches seinen Kehrbruch zu erhalten. Probiere dies zunächst an Beispielen aus und stelle zu einem der Beispiele eine passende Bruchgleichung auf und löse diese. Versuche nun allgemein, die zu addierende Zahl zu einem Bruch $\frac{a}{b}$ zu finden.

11

Dividiert man 15 durch eine natürliche Zahl und 12 durch deren Nachfolger, so ist die Differenz dieser Quotienten gleich dem Quotient aus 30 und dem Produkt der beiden aufeinander folgenden Zahlen. Welche Zahlen sind es?

12

Stelle die Bruchgleichung auf, bei der die Variable mindestens zweimal im Nenner vorkommt, die mindestens zwei unterschiedliche Nenner besitzt und deren Lösung die Zahl –2 ist.

13

Löse die Gleichungen nach jeder der vorkommenden Variablen auf. Welche Werte dürfen die Variablen dabei nicht annehmen?

a) $s = \frac{a}{1-q}$ b) $z = \frac{1}{x} - \frac{1}{y}$ c) $w = \frac{3-v}{3v}$

Rückblick

Zentrische Streckungen
Bei einer zentrischen Streckung mit dem Streckzentrum Z und dem Streckfaktor k (k > 0) gilt für den Bildpunkt P′ zu einem Punkt P (P ≠ Z):
(1) P′ liegt auf der von Z ausgehenden Halbgeraden durch P,
(2) $\overline{ZP'} = k \cdot \overline{ZP}$.

Ist der Streckfaktor $k > 1$, so wird vergrößert. Ist $0 < k < 1$, so wird verkleinert.

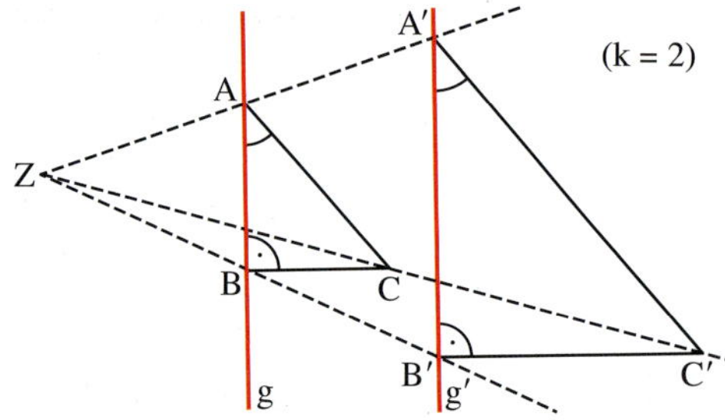

Strahlensatz
Werden zwei Geraden, die sich in einem Punkt Z schneiden, von zwei Parallelen (außerhalb von Z) geschnitten, so verhalten sich
1. je zwei Abschnitte auf der einen Geraden wie die entsprechenden Abschnitte auf der anderen Geraden,

2. die Abschnitte auf den Parallelen wie die von Z aus gemessenen entsprechenden Abschnitte auf der einen Geraden (bzw. auf der anderen Geraden).

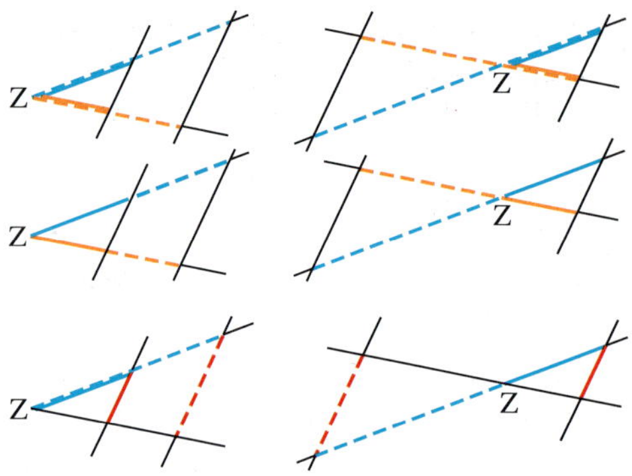

Ähnliche Figuren
Figuren F und G nennt man zueinander ähnlich (in Zeichen: F ~ G), wenn man F durch eine zentrische Streckung so vergrößern oder verkleinern kann, dass ihr Bild F′ zu G kongruent ist.

Eigenschaften ähnlicher Figuren
Für ähnliche Figuren F und G gilt:
– entsprechende Strecken haben das gleiche Längenverhältnis,
– entsprechende Winkel sind gleich groß.
– Sind die Seitenlängen von G k-mal so lang wie die von F, so ist der Flächeninhalt von G k^2-mal so groß wie der von F.

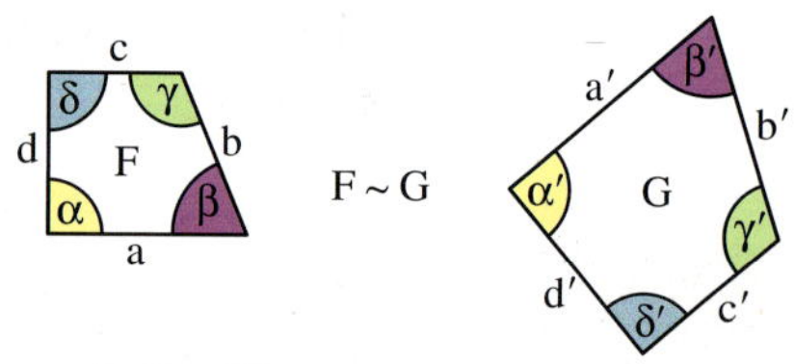

$\alpha = \alpha', \ \beta = \beta', \ \ldots$

$\frac{a}{a'} = \frac{b}{b'} = \frac{c}{c'} = \ldots$

Ähnlichkeitssätze für Dreiecke
Dreiecke sind bereits dann ähnlich,
– wenn sie in zwei (und damit in allen drei) Winkeln übereinstimmen (WW-Satz)
– oder wenn sie im Verhältnis ihrer Seiten übereinstimmen (S : S : S-Satz).

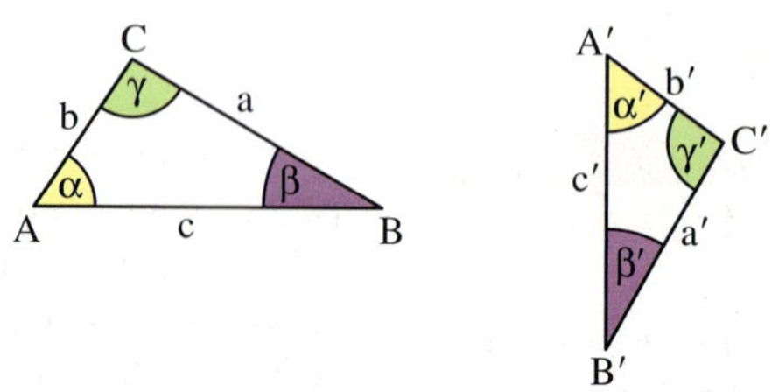

Aufgaben zum Üben und Wiederholen

1
Um die Höhe h eines Turmes (Baumes usw.) zu bestimmen, liest man an einem mit gestrecktem Arm senkrecht gehaltenen Maßstab seine scheinbare Höhe h′ ab und misst die Armlänge a sowie die Entfernung e des Turmes vom Auge.
Berechne h für
a) a = 60 cm; e = 75 m; h′ = 17,5 cm
b) a = 70 cm; e = 65 m; h′ = 15,4 cm.

2
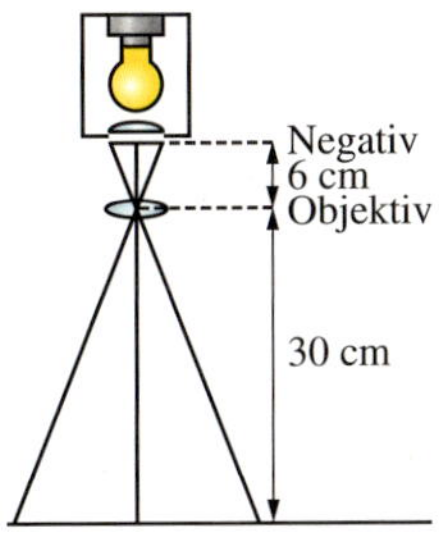

Von einem Kleinbildnegativ wird ein 30 mm breiter und 20 mm hoher Ausschnitt vergrößert. Das Vergrößerungsgerät ist wie in der Figur eingestellt. Berechne die Abmessungen des Bildes.

3
In den Figuren ist g‖h bzw. g‖h‖k.
Berechne jeweils x, y, u und v.

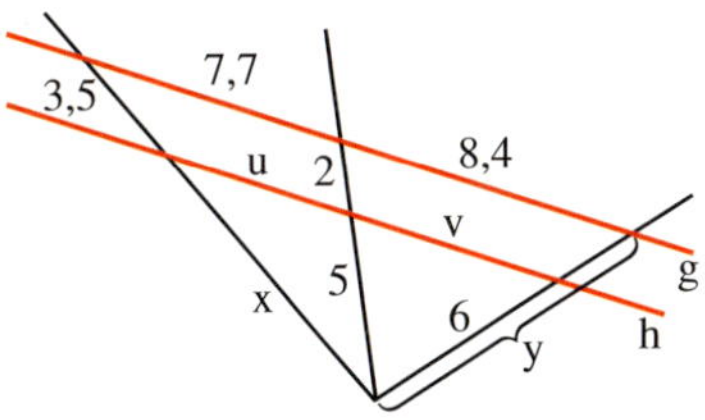

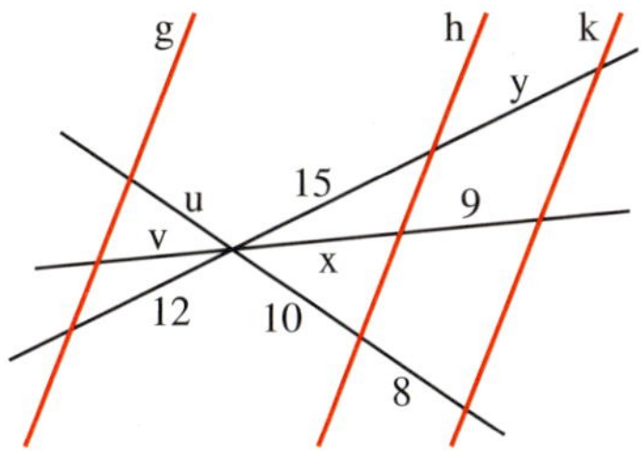

4
In der Figur gilt: AD‖FH und BC‖DE.
Weiter sind folgende Streckenlängen gegeben: $\overline{AB}$ = 7,5 cm, $\overline{BD}$ = 2,5 cm, $\overline{AE}$ = 7 cm, $\overline{DH}$ = 1 cm, $\overline{HE}$ = 5 cm.

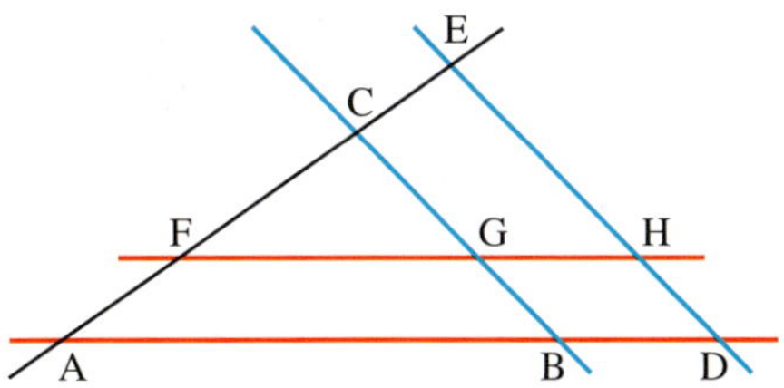

Berechne die Längen $\overline{BC}$ und $\overline{FH}$.

5
Ein Rechteck mit den Seitenlängen 15 cm und 24 cm ist zu einem Rechteck A′B′C′D′ ähnlich, das eine 36 cm lange Seite hat. Wie lang ist die andere Seite, wie groß der Flächeninhalt von A′B′C′D′?

Die Lösungen zu den Aufgaben dieser Seite findest du auf Seite 49.

6
Sind das rot umrandete und das blau gefärbte Dreieck ähnlich? Begründe.

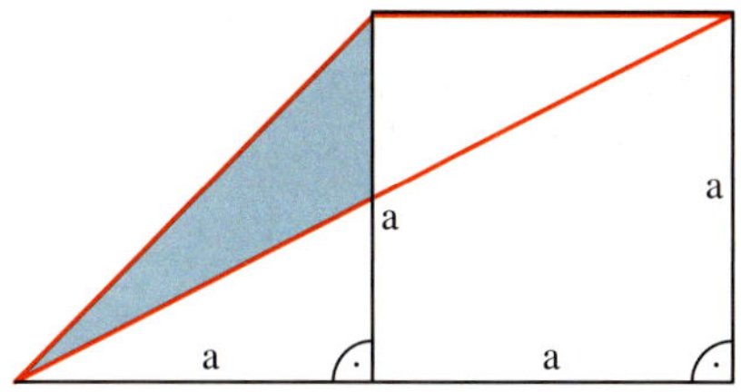

7
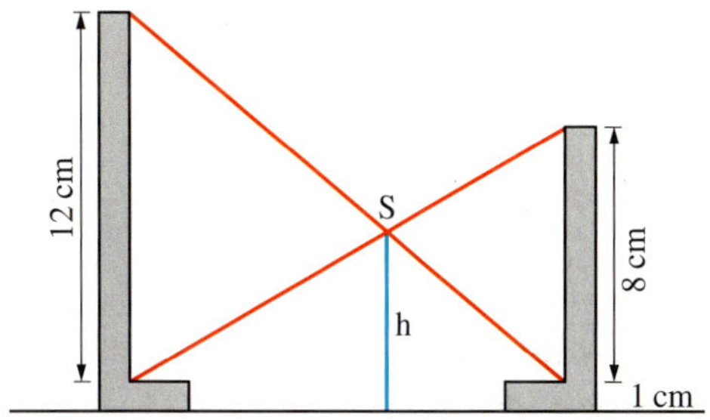

Ein 8 cm langer und ein 12 cm langer Stab mit je einer 1 cm dicken Fußplatte stehen senkrecht auf einer Tischplatte. Die Enden beider Stäbe sind „über Kreuz" mit Gummifäden verbunden.
a) Wie viel Zentimeter über der Tischplatte befindet sich der Kreuzungspunkt S der Gummifäden?
b) In der Berechnung von a) wurde der tatsächliche Abstand der beiden vertikalen Stäbe nicht benötigt. Was bedeutet dies?

8
Die Figur zeigt einen Ausschnitt aus dem Gitterwerk eines Kranauslegers.

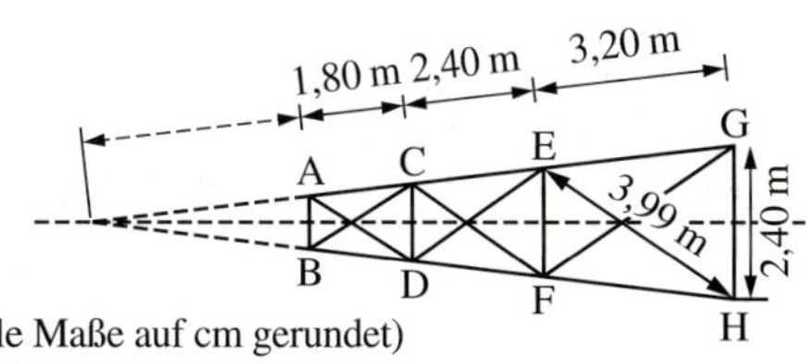

(alle Maße auf cm gerundet)

a) Um wie viel Zentimeter ist die Strebe [AB] kürzer als die Strebe [GH]? (Nutze die Ähnlichkeit!)
b) Die Streben [BC], [DE] und [FG] sind zueinander parallel. Berechne ihre Längen.

Aufgaben, Seite 5

1
Das linke Fenster ist achsensymmetrisch, das rechte ist punktsymmetrisch.

2
a) b)

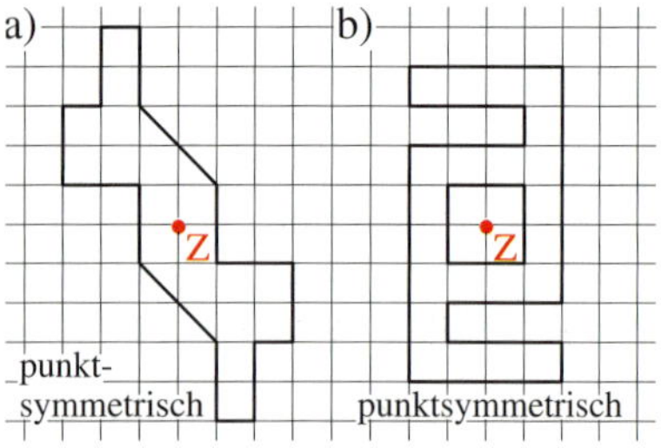

c)

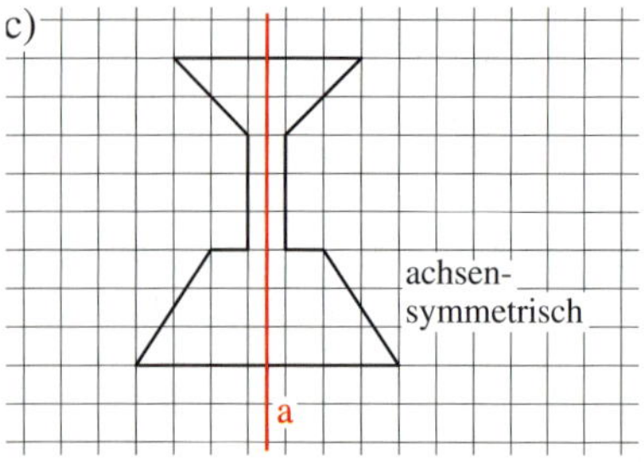

3
a)

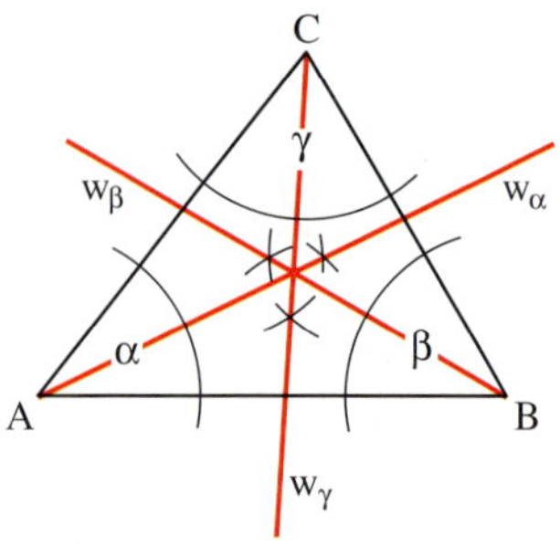

b)

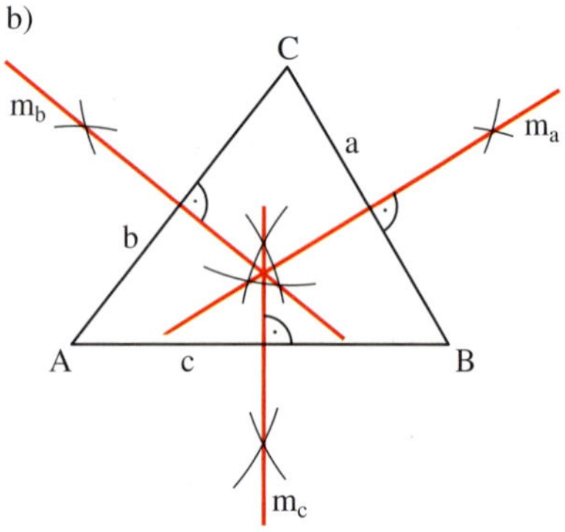

4
a)

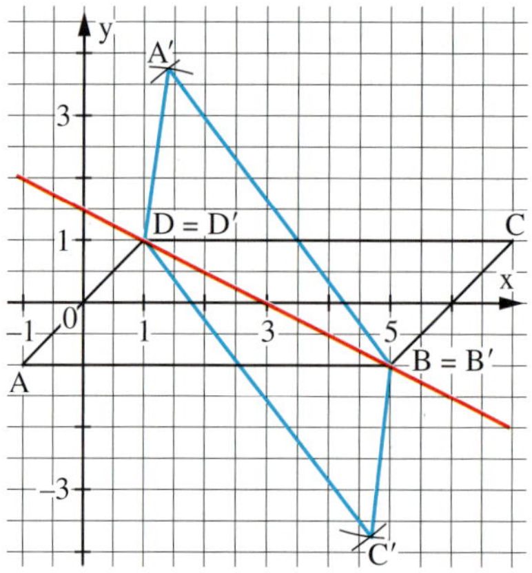

b)

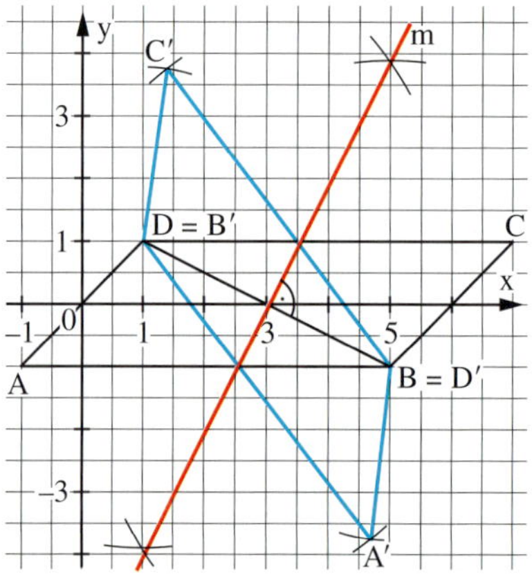

c)

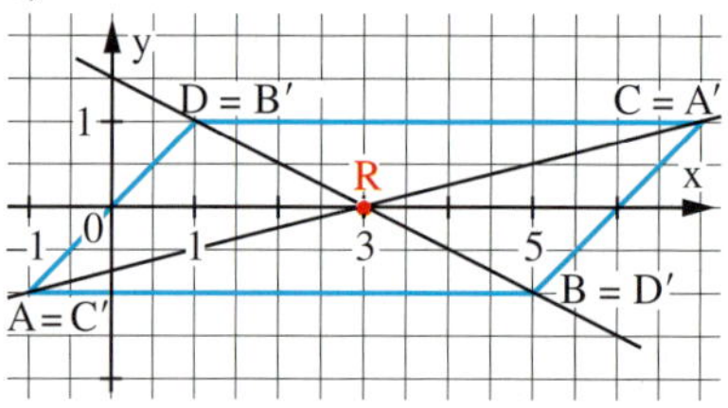

5
a), b), c)

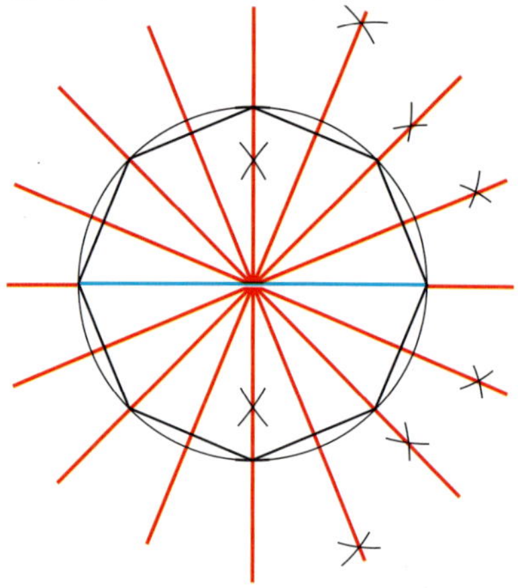

6
a)

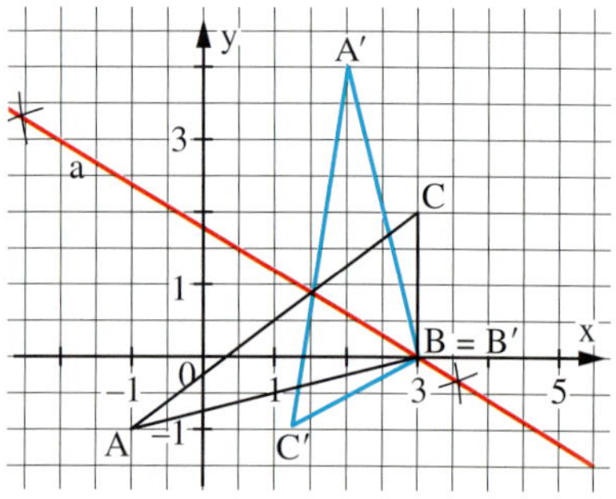

b)

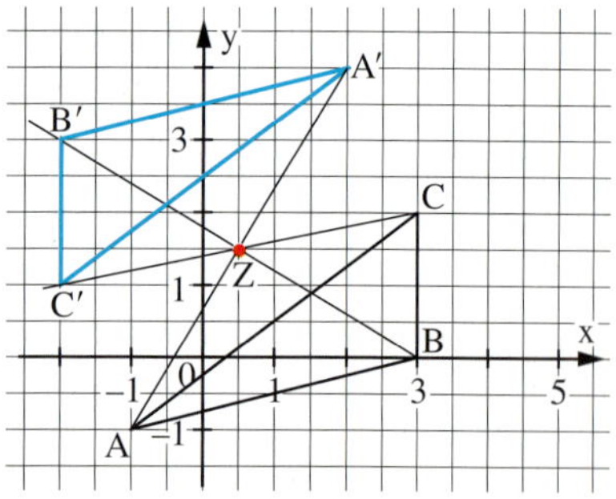

7

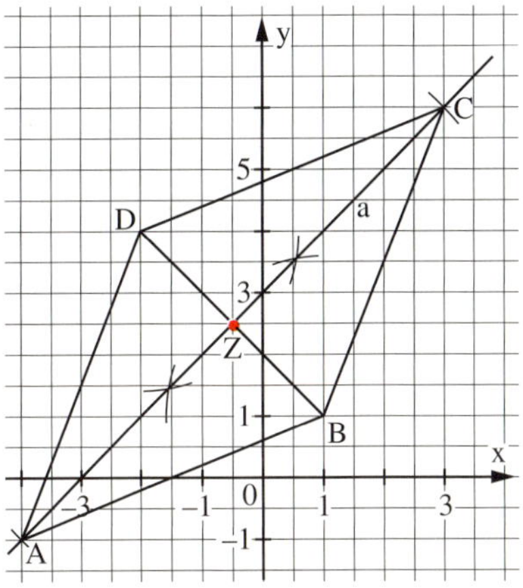

a) C(3|6), Z(–0,5|2,5)
b) Man konstruiert die Symmetrieachse a zu den Punkten B und D. Z ist der Schnittpunkt von a und BD. Den Punkt C erhält man, wenn man den Punkt A am Zentrum Z punktspiegelt.

8

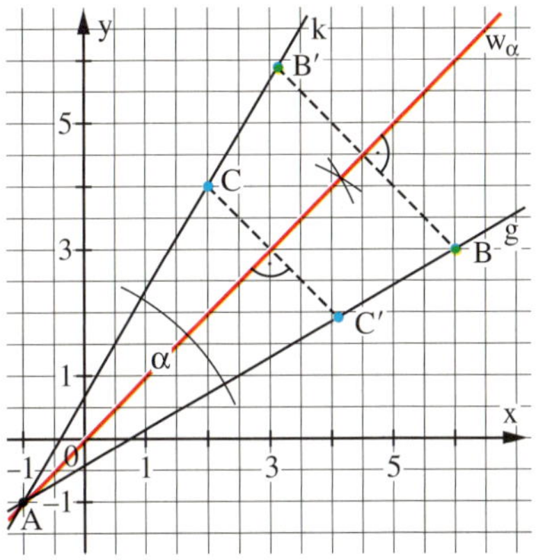

9

punktsymmetrisch, nicht achsensymmetrisch: Parallelogramme: EHFC, EJFB; achsensymmetrisch mit einer Symmetrieachse: symmetrische Trapeze: EFCB, EHJF; Drachenvierecke: AEGF, KFDE, ABDC, KJGH, EJFC, EHFB; achsensymmetrisch mit zwei Symmetrieachsen: Raute: EKFA, EGFD

10

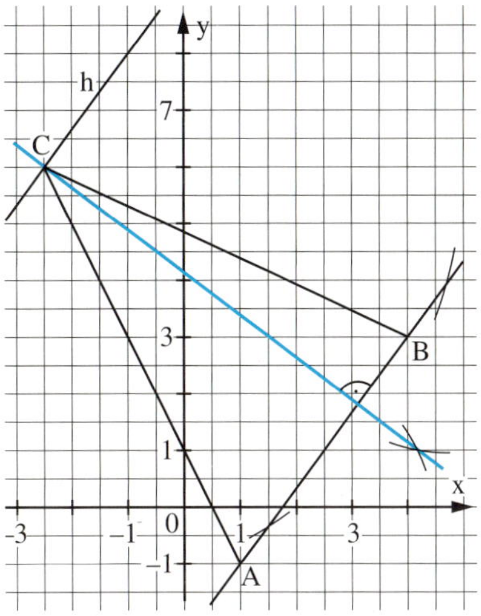

a) $\overline{AB} \approx 5\,cm$
$\overline{BC} \approx 7{,}2\,cm$
$\overline{AC} \approx 7{,}8\,cm$
b) d(h; AB) ≈ 7 cm
c) $A \approx \frac{1}{2} \cdot 5\,cm \cdot 7\,cm = 17{,}5\,cm^2$

Aufgaben, Seite 7

1

a) (180° – 37°) : 2 = 71,5°;
71,5° + 37° = 108,5°
b) 180° : 9 = 20°; 20° · 8 = 160°

2

a) β = 150° b) β = 74,1° c) β = 0,4°

3

a) Stufenwinkelpaare:
α_1 und α_3, β_1 und β_3, γ_1 und γ_3, δ_1 und δ_3, α_2 und α_4, β_2 und β_4, γ_2 und γ_4, δ_2 und δ_4
Wechselwinkelpaare:
α_1 und γ_3, β_1 und δ_3, γ_1 und α_3, δ_1 und β_3, α_2 und γ_4, β_2 und δ_4, γ_2 und α_4, δ_2 und β_4
b) $\alpha_1 = 180° : 6 = 30°$;
$\beta_1 = 30° \cdot 5 = 150°$;
$\alpha_4 = (180° - 140°) : 2 = 20°$;
$\beta_4 = 180° - 20° = 160°$;
$\alpha_1 = \alpha_3 = \gamma_1 = \gamma_3 = 30°$;
$\beta_1 = \beta_3 = \delta_1 = \delta_3 = 150°$;
$\alpha_2 = \alpha_4 = \gamma_2 = \gamma_4 = 20°$;
$\beta_2 = \beta_4 = \delta_2 = \delta_4 = 160°$

4

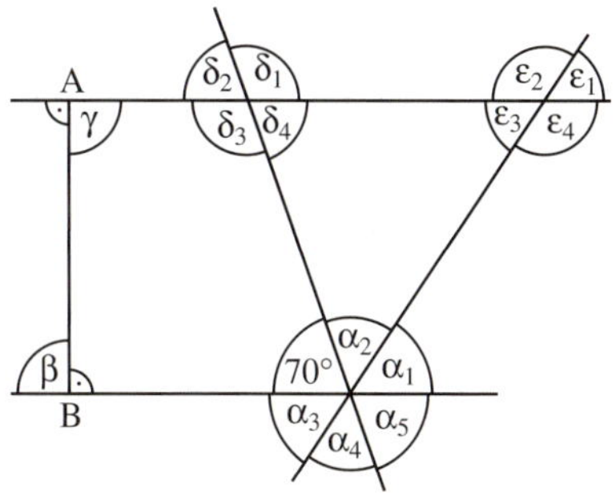

$\alpha_1 = \alpha_2 = (180° - 70°) : 2 = 55°$
$\alpha_3 = \alpha_4 = 55°$
$\alpha_5 = 70°$
$\delta_2 = \delta_4 = 70°$
$\delta_1 = \delta_3 = 110°$
$\varepsilon_1 = \varepsilon_3 = 55°$
$\varepsilon_2 = \varepsilon_4 = 125°$
$\gamma = \beta = 90°$

5

Das Dreieck ist rechtwinklig, da
γ = α + β = 90°.

6

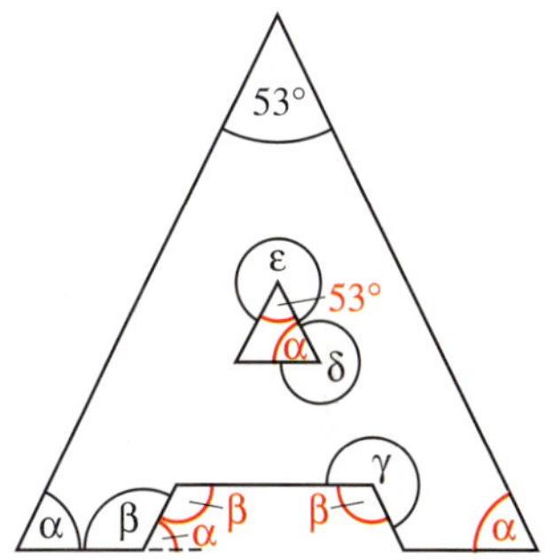

Buchstabe A:
α + α + 53° = 180°, also α = 63,5°
α + β = 180°, also β = 116,5°
β + γ = 360°, also γ = 243,5°
ε + 53° = 360°, also ε = 307° und
δ + α = 360°, also δ = 296,5°

6

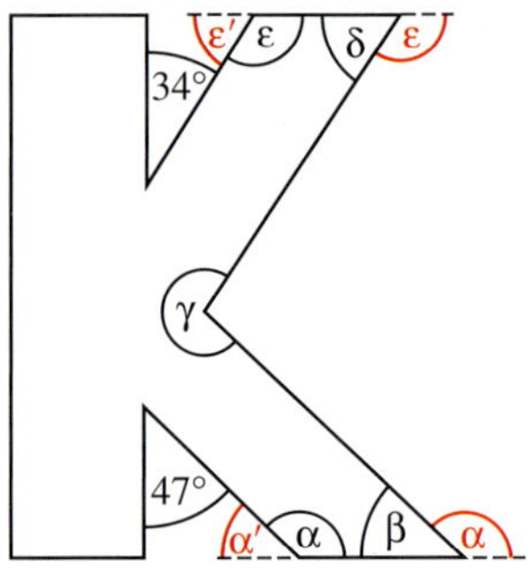

Buchstabe K:
$\alpha + \alpha' = 180°$, $\alpha' + 47° + 90° = 180°$,
also $\alpha = 137°$
$\alpha + \beta = 180°$, also $\beta = 43°$
$\varepsilon + \varepsilon' = 180°$, $\varepsilon' + 34° + 90° = 180°$,
also $\varepsilon = 124°$
$\varepsilon + \delta = 180°$, also $\delta = 56°$
$90° + 90° + \beta + \gamma + \delta = 540°$
also $\gamma = 261°$

7

$1260° : 180° = 7$, also ein 9-Eck mit Innenwinkeln der Größe $1260° : 9 = 140°$

8

$40° + \beta + 90° = 180°$, also $\beta = 50°$
$\gamma + 118° = 360°$, also $\gamma = 242°$
$40° + \beta + \gamma + \delta = 360°$, also $\delta = 28°$

9

a) Viereck:
$\beta = 2 \cdot \alpha$, $\gamma = 3 \cdot \alpha$, $\delta = 4 \cdot \alpha$,
also $\alpha + \beta + \gamma + \delta = 10 \cdot \alpha = 360°$.
Somit $\alpha = 36°$

b) Dreieck:
$\beta = 2 \cdot \alpha$, $\gamma = 3 \cdot \alpha$,
also $\alpha + \beta + \gamma = 6 \cdot \alpha = 180°$.
Somit $\alpha = 30°$
5-Eck:
$\beta = 2 \cdot \alpha$, $\gamma = 3 \cdot \alpha$, $\delta = 4 \cdot \alpha$,
$\varepsilon = 5 \cdot \alpha$,
also
$\alpha + \beta + \gamma + \delta + \varepsilon = 15 \cdot \alpha = 540°$.
Somit $\alpha = 36°$

10

a) b)

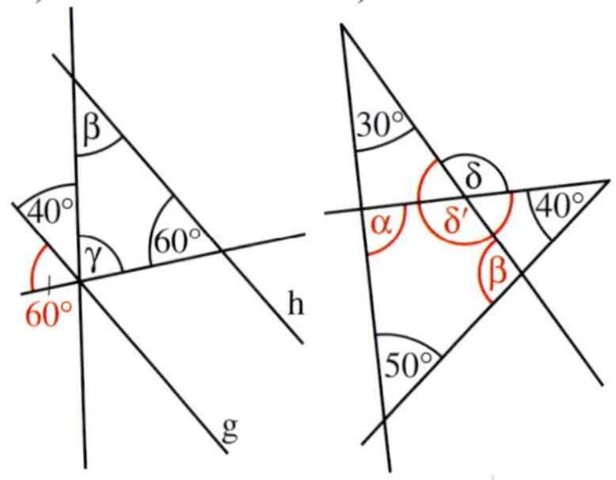

a) $\beta = 40°$ und $60° + \beta + \gamma = 180°$,
also $\gamma = 80°$ oder
$60° + 40° + \gamma = 180°$, also $\gamma = 80°$
und $80° + 60° + \beta = 180°$,
also $\beta = 40°$

b) $\delta + \delta' = 360°$ und
$\delta' + 30° + 50° + 40° = 360°$,
also $\delta' = 240°$ und $\delta = 120°$ oder
$\alpha + 50° + 40° = 180°$, also $\alpha = 90°$
$\beta + 30° + 50° = 180°$, also $\beta = 100°$
$\alpha + 50° + \beta + \delta = 360°$,
also $\delta = 120°$

11

a) $\alpha + \alpha + \beta + \beta = 2 \cdot \alpha + 2 \cdot \beta = 360°$
$2 \cdot \alpha = 108°$, also $2 \cdot \beta = 252°$ und
$\beta = 126°$
($\alpha = 2 \cdot \beta$, also $2 \cdot \alpha + 2 \cdot \beta = 6 \cdot \beta$
$= 360°$ und somit $\beta = 60°$ und
$\alpha = 120°$)

b) Wenn die sich gegenüberliegenden Winkel jeweils gleich groß sind, müssen die aneinanderliegenden Winkel zusammen 180° ergeben, denn:
$\alpha + \beta + \alpha + \beta = 2 \cdot (\alpha + \beta) = 360°$,
also $\alpha + \beta = 180°$.

Fasst man das Viereck als Schnittfigur von vier Geraden auf (siehe Skizze), kann man schließen:

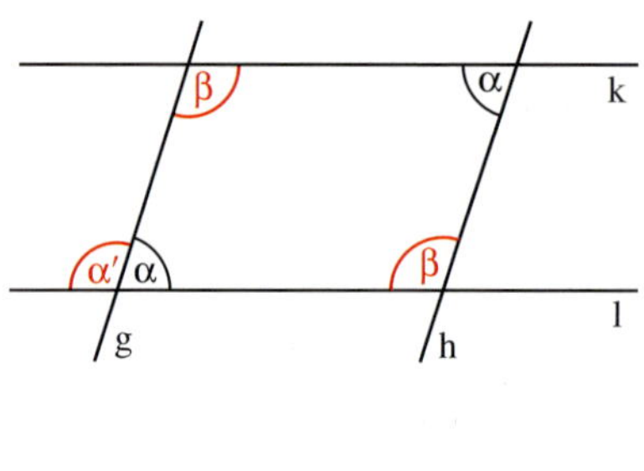

$\alpha + \alpha' = 180°$ und $\alpha + \beta = 180°$,
also $\alpha' = \beta$. Also sind α' und β gleich große Stufenwinkel an den Geraden g und h und somit verlaufen diese parallel zueinander. Genauso sind α' und β gleich große Wechselwinkel an den Geraden k und l und somit verlaufen diese ebenfalls parallel zueinander. Somit handelt es sich um ein Parallelogramm.

Aufgaben, Seite 9

1

$T(5) = 4$ $T(-2{,}4) = 29{,}16$
$T\left(-\frac{3}{4}\right) = 14{,}0625$

2

$T(2) = 2$ $T(-8) = 112$ $T\left(\frac{4}{3}\right) = 0$

3

$A\,(3; 7) = -40$ $B\,(3; 7) = -40$
$A\left(\frac{1}{3}; -\frac{1}{2}\right) = -\frac{5}{36}$ $B\left(\frac{1}{3}; -\frac{1}{2}\right) = -\frac{5}{36}$

4

Zahl der waagrechten Zündhölzer:
$4 \cdot (n + 1)$;
Zahl der senkrechten Zündhölzer: $4 \cdot n$
$Z(n) = 4 \cdot n + 4 \cdot (n + 1)$
$Z(10) = 84$

5

a) $O(a; b) = (2a + 1{,}41\,a) \cdot b + a^2$
b) $V(a; b) = \frac{1}{2}a^2 \cdot b$
c) $V(5\,cm; 12\,cm) = 150\,cm^3$
$V(7{,}5\,cm; 7{,}5\,cm) = 210{,}9375\,cm^3$
d) Die Oberfläche vervierfacht sich und das Volumen verachtfacht sich.

6

a)

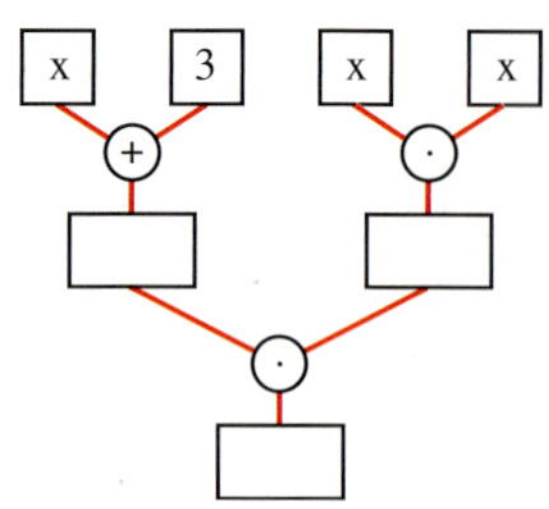

b) Multipliziere die Summe aus einer beliebigen Zahl und der Zahl 3 mit dem Quadrat der beliebigen Zahl.

7

Der Flächeninhalt des Parallelogramms ändert sich nicht, weil die Seitenlänge $\overline{AD}$ und die Länge der zugehörigen Höhe unverändert bleiben.

8

a) Haben die drei Sechsecke keine Seite gemeinsam, so braucht man $3 \cdot 6 = 18$ Zündhölzer.
Haben die Sechsecke möglichst viele Seiten gemeinsam, so braucht man für die beiden ersten Sechsecke $6 + 5 = 11$ Zündhölzer. Für das 3. Sechseck braucht man nur noch vier Zündhölzer, insgesamt also 15.

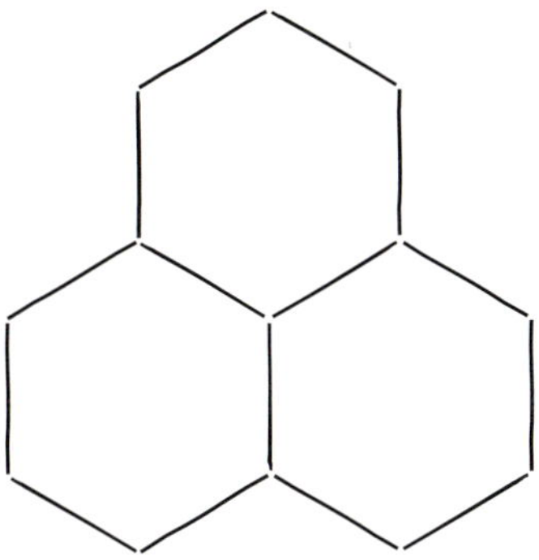

b) Will man n Sechsecke aus möglichst wenigen Zündhölzern legen, so braucht man für das 3. Sechseck und jedes der folgenden Sechsecke jeweils vier Hölzer, also zusammen $4 \cdot (n - 2)$.
Mindestanzahl Z zum Legen von n Sechsecken: $Z(n) = 11 + 4 \cdot (n - 2)$

9

a) …; 56; 72; 90
b) $100 \cdot 101 = 10\,100$
c) n-tes Glied der Folge: $n \cdot (n + 1)$

10

a)

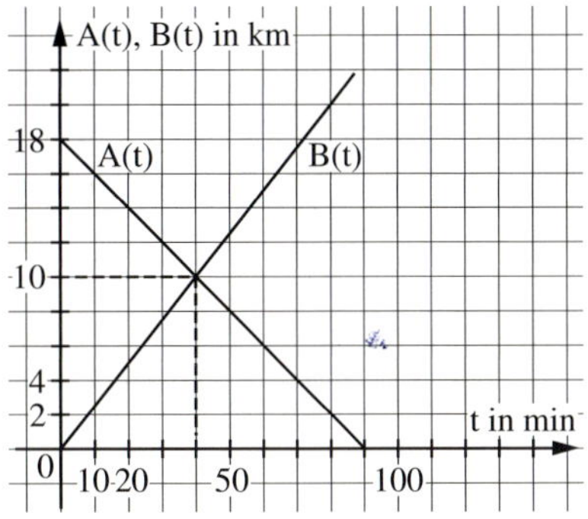

b) A (t) gibt an, wie weit Jan von Tims Wohnung entfernt ist und B (t) gibt an, wie weit Tim Jan entgegengefahren ist bzw. wie weit Tim von seiner Wohnung entfernt ist.
c) Der Schnittpunkt der Graphen liefert die Zeitdauer 40 Minuten bis zur Begegnung in 10 km Entfernung von Tims Haus.
d) $C(40) = D(40) = 8$ km

Aufgaben, Seite 11

1

a) Ja, man kann beide Terme umformen in den Term $-6s - 12$.
b) Nein. Formt man die Terme um, so erhält man für den linken $2{,}5r - 5$, für den rechten $5 - 2{,}5r$. Setzt man z. B. die Zahl 0 ein, so erhält man für den linken Term den Wert -5, für den rechten den Wert 5.
c) Ja, man kann beide Terme umformen in den Term $0{,}2pu^2 + \frac{3}{8}p^2u^2$.

2

a) $T_1(-1) = -3$; $T_1(1) = 1$; $T_1(2) = 3$; $T_2(-1) = -3$; $T_2(1) = 1$; $T_2(2) = 3$
b) Es genügt nicht, dass die Termwerte für drei x-Werte gleich sind. Die Terme sind nicht äquivalent, da $T_1(0) = 3 \neq 1 = T_2(0)$.

3

a) Linker Würfel: $V_l = a^3$; $O_l = 6a^2$
Mittlerer Würfel: $V_m = a^3 + 5 \cdot \left(\frac{1}{3}a\right)^3$
$= a^3 + \frac{5}{27}a^3 = 1\frac{5}{27}a^3$;
$O_m = O_l + 5 \cdot 4\left(\frac{a}{3}\right)^2 = 6a^2 + 20 \cdot \frac{1}{9}a^2$
$= 8\frac{2}{9}a^2$
Rechter Würfel:
$V_r = 1\frac{5}{27}a^3 + 5 \cdot 5 \cdot \left(\frac{1}{3} \cdot \frac{1}{3}a\right)^3$
$= 1\frac{5}{27}a^3 + \frac{25}{729}a^3 = 1\frac{160}{729}a^3$;
$O_r = O_m + 5 \cdot 5 \cdot 4\left(\frac{a}{9}\right)^2$
$= 8\frac{2}{9}a^2 + 100 \cdot \frac{1}{81}a^2$
$= 9\frac{37}{81}a^2$
b) Beim 1. Schritt: $5 \cdot \left(\frac{1}{3}a\right)^3 = \frac{5}{27}a^3$
Beim 2. Schritt: $5 \cdot 5 \cdot \left(\frac{1}{3} \cdot \frac{1}{3}a\right)^3 = \frac{25}{729}a^3$
Beim 3. Schritt: $5 \cdot 5 \cdot 5 \cdot \left(\frac{1}{3} \cdot \frac{1}{3} \cdot \frac{1}{3}a\right)^3$
$= \frac{125}{19\,683}a^3$
Beim 4. Schritt: $5 \cdot 5 \cdot 5 \cdot 5 \cdot \left(\frac{1}{3} \cdot \frac{1}{3} \cdot \frac{1}{3} \cdot \frac{1}{3}a\right)^3$
$= 625 \cdot \left(\frac{1}{81}a\right)^3 = \frac{625}{531\,441}a^3$; ca. 0,12 %
c) Es muss gelten: $\frac{32}{27}a^3 = 32\,cm^3$.
Daraus erhält man wegen $3^3 = 27$ die Lösung $a = 3$ cm.

4

a) $24yz^2 - 6y^2z - yz$
b) $6x - 20y + 13{,}2$
c) $3r^2s - 3rs^2 + 4r^2s^2$
d) $-2pq + 2{,}5p^2 - 1{,}45$
e) $-3x^2 - 3y^2 + 5xy$
f) $u^2 - 3v^2 - 2uv - v$
g) $3a^4b + 5ab^4 - 10a^3b^3$

5

$A = a \cdot b - \frac{1}{2} \cdot \frac{1}{2}a \cdot b - \frac{1}{2}a \cdot \frac{1}{2}b - \frac{1}{2} \cdot a \cdot \frac{1}{2}b$
$= \frac{1}{4}ab$

6

a) Addiere z. B. zu T_2 den Term $2a - 15$
b) Addiere z. B. zu T_2 den Term $k^2 - k$ oder multipliziere T_2 mit dem Faktor 2.

7

In den Aufgaben c) und e) lohnt sich ein vorheriges Umformen des Terms nicht. (Angegeben sind jeweils vereinfachter Term und Termwert)

a)	$7{,}5ab^2c - 5a^2bc$;	$-8{,}75$
b)	0;	0
c)	–;	-6
d)	$3{,}3a^2b^2$;	0,825
e)	–;	-12

8

a)

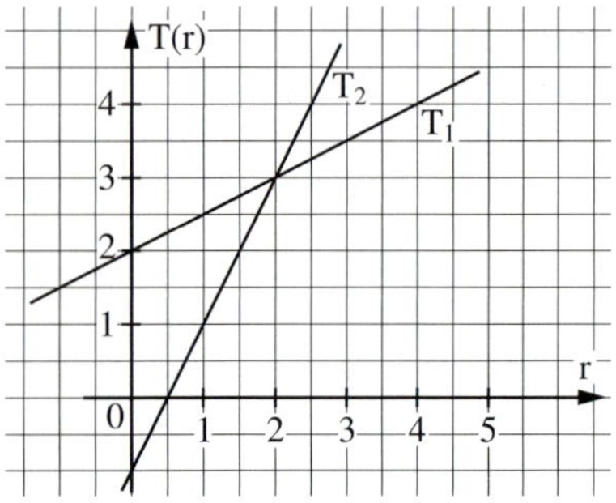

b) Nein. Sonst müssten ihre Graphen auch gleich sein.

9

a) Punkt vor Strich missachtet. Nicht gleichartige Terme zusammengefasst.
b) Klammerregel missachtet. Terme mit k nicht korrekt zusammengefasst.
c) Die Zahl 4 und die Variable z wurden mit der Zahl 3 multipliziert.
d) Umformungen korrekt.
e) Beide Faktoren in der Klammer wurden mit der Zahl 4 multipliziert. Anschließend wurde falsch zusammengefasst.

10

Man muss die Länge der Grundlinie verdreifachen. Begründung:
$A_{alt} = \frac{1}{2} \cdot g \cdot h$; $h_{neu} = \frac{1}{3}h$; $g_{neu} = 3g$
Damit:
$A_{neu} = \frac{1}{2} \cdot h_{neu} \cdot g_{neu} = \frac{1}{2} \cdot \frac{1}{3}h \cdot 3g = \frac{1}{2}gh = A_{alt}$

Aufgaben Seite 13

1

a) 7 b) –10 c) 0
d) –1 oder 1 e) 20 f) 4
g) –3 h) 125

2

a) Lösungen: 2, –3 b) Lösung: 4

3

a) Die Zahl ist –2,5. b) Die Zahl ist 6.

4

a) Wenn man vom Vierfachen einer Zahl 6 abzieht, erhält man um 2 mehr als das Dreifache der Zahl.
b) Die Hälfte einer Zahl ist um 15 kleiner als die Hälfte des Quadrates derselben Zahl.

5

a) 8 cm b) 3,1 cm c) 5,7 cm

6

a) ☺ = 13 |??: –5
b) ☺ = –9 |??: +7
c) ☺ = –8 |??: · (–0,25)
d) ☺ = $-\frac{9}{5}$ |??: : 2,4

7

a) $y = \frac{12}{13}$ b) $x = 32{,}56$
c) $x = -2{,}5$ d) $x = -\frac{11}{4}$

8

$x^3 + 0{,}6x^2 + 1{,}2x + 1 = 0$
x = 0 : l. S. = 1; x = –1 : l. S. = –0,6;
x = –0,5 : l. S. > 0
–1 liegt also am nächsten an der Lösung der Gleichung zwischen 0 und 1.

9

I: $x^4 - 2x + 1 = 3x^2 - 2x \quad |+ 2x - 3x^2$
$x^4 - 3x^2 + 1 = 0$
II: $2x - 3x^2 - 1 = -2 - x - x^4$
$|+ x^4 - 2x + 2$
$x^4 - 3x^2 + 1 = -3x$
Sie besitzen nicht die gleichen Lösungen.

10

z. B.: $2x - 3 = x - 5$

11

$(\beta + 15°) + \beta + \frac{\beta}{2} = 180°$
$\beta = 66°$, $\alpha = 81°$ und $\gamma = 33°$ sind die gesuchten Winkel.

12

$25\,\% \cdot (4{,}5\,l - x) + 100\,\% \cdot x = 40\,\% \cdot 4{,}5\,l$
Man muss 0,9 l ablassen und durch Frostschutzmittel ersetzen.

13

x : Höhe des Quaders mit halber Oberfläche
$2 \cdot 100\,cm^2 + 4 \cdot 10\,cm \cdot x = 300\,cm^2$
Er muss 2,5 cm hoch sein.
Oberfläche des größeren Quaders: $500\,cm^2$
Seine Oberfläche ist also um 67 % größer.

Aufgaben, Seite 15

1

a) 1300
b)

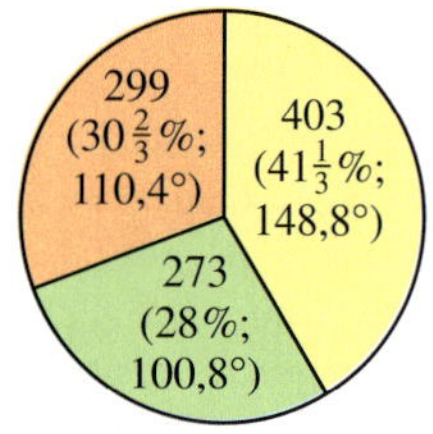

2

a) 8,04 b) 93 bzw. 165

3

a) 96,8 b) 44 % c) 180
d) $2{,}4\,m^2$ e) 2,5 % f) 2500 €

4

Die Niederschläge beschreibt man mit der Höhe, in der sie in einem Gefäß stehen würden.
a) 1. Quartal: 40 mm; 2. Quartal: 66 mm; 3. Quartal: 66 mm; 4. Quartal: 61 mm
b) (40 mm + 66 mm + 66 mm + 61 mm) : 4 ≈ 58 mm

5

a) 5,78 € b) 11,5 % c) 195,2
d) 9,9 % e) 422,2 f) 64,5 m

6

Ein Land wie Norwegen besitzt zwar eine große Ladenfläche pro 1000 Einwohner, trägt mit seiner geringen Einwohnerzahl aber nur wenig zum Durchschnitt in Europa bei. Um den Mittelwert zu berechnen, müssen die Einwohnerzahlen der einzelnen Länder beschafft werden.
Norwegen: 5 Mio., Schweden: 9 Mio., Niederlande: 16 Mio., Luxemburg: 0 Mio., Großbritannien: 59 Mio., Österreich: 8 Mio., Dänemark: 5 Mio., Frankreich: 59 Mio., Spanien: 41 Mio., Irland: 4 Mio., Finnland: 5 Mio., Portugal: 10 Mio., Schweiz: 7 Mio., Deutschland: 82 Mio., Italien: 58 Mio.
Bei Rundung der angegebenen Ladenflächen auf 10er ergibt sich als Mittelwert: $188\,m^2$ pro 1000 Einwohner, also etwa der angegebene Wert.

7

a) 1650 b) 350

c) Es wird $\cdot 1{,}4 \cdot 0{,}8$ gerechnet.
$1{,}4 \cdot 0{,}8 = \frac{14}{10} \cdot \frac{8}{10} = \frac{28}{25}$.
Die Zahl muss durch 25 teilbar sein.
Es gibt 39 solche Zahlen: 25, 50, 75, …, 975.

Aufgaben, Seite 17

1

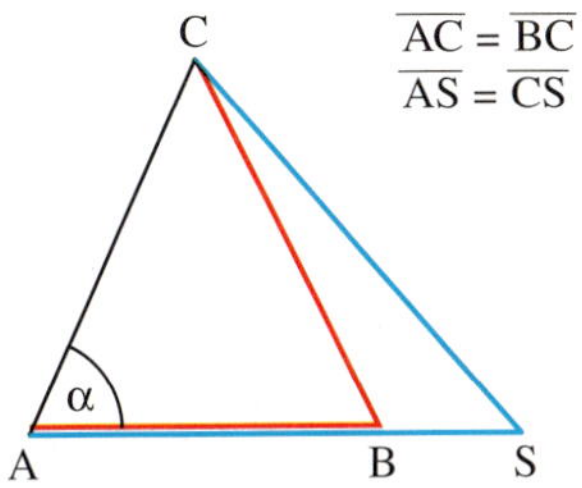

$\overline{AC} = \overline{BC}$
$\overline{AS} = \overline{CS}$

ΔABC und ΔASC stimmen in [AC] und α überein, sind aber nicht kongruent.

2

Es ist $\overline{AC_1} = \overline{BA_1} = \overline{CB_1}$
und $\overline{C_1B} = \overline{A_1C} = \overline{B_1A}$
sowie $\alpha = \beta = \gamma = 60°$.
Also ist nach SWS:
$\Delta AC_1B_1 \cong \Delta BA_1C_1 \cong \Delta CB_1A_1$ und somit $\overline{B_1C_1} = \overline{A_1C_1} = \overline{B_1A_1}$.

3

Es ist $\sphericalangle QMP = \sphericalangle P'MQ'$ (Scheitelwinkel)
$\sphericalangle MPQ = \sphericalangle Q'P'M = 90°$ (Tangente!)
$\overline{MP} = \overline{MP'} = r$ (Radius),
also nach WSW: $\Delta PMQ \cong \Delta P'MQ'$
und somit $\overline{PQ} = \overline{P'Q'}$

4

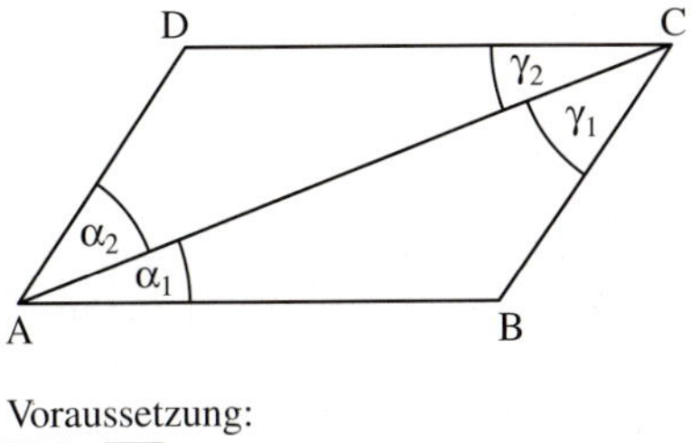

Voraussetzung:
$\overline{AD} = \overline{BC}$ und $AD \parallel BC$

Es ist nach SWS $\Delta ABC \cong \Delta CDA$
(Seite [AC] gemeinsam; $\gamma_1 = \alpha_2$ als Wechselwinkel an Parallelen;
$\overline{BC} = \overline{AD}$).
Also gilt: $\overline{AB} = \overline{CD}$ sowie $\alpha_1 = \gamma_2$.
Wegen der gleichen Wechselwinkel ist $AB \parallel CD$.

5

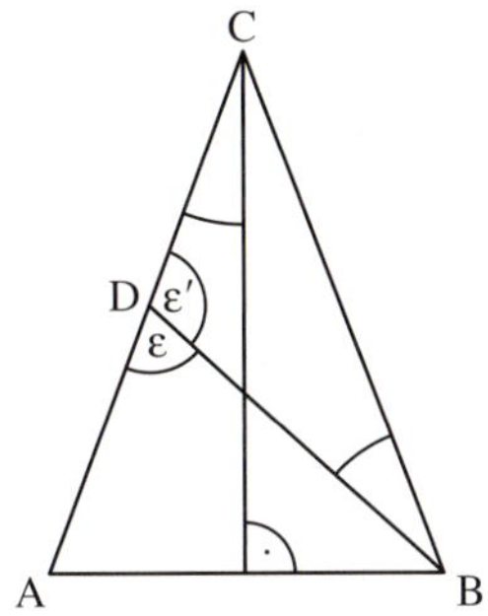

a) $\gamma = 2 \cdot 21° = 42°$
(ΔABC achsensymmetrisch)
$\varepsilon' = 180° - \gamma - \sphericalangle CBD = 111°$
(Winkelsumme im ΔBCD)
$\varepsilon = 180° - \varepsilon' = 69°$ (Nebenwinkel)

b) $\alpha = (180° - \gamma) : 2 = 69°$
(Basiswinkel im ΔABC)
Aus $\varepsilon = \alpha$ folgt $\overline{AB} = \overline{BD}$
(Satz vom gleichschenkligen Dreieck)

6

a)

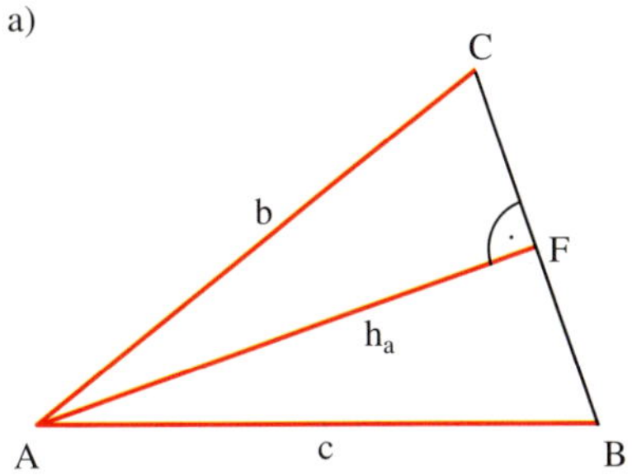

Konstruktionsplan:
(1) A und B sind durch $\overline{AB} = c$ gegeben.
(2) F liegt 1. auf dem Thaleskreis über [AB]
2. auf dem Kreis $k(A; h_a)$
(3) C liegt 1. auf BF
2. auf dem Kreis $k(A; b)$
(Hinweis: Es ist auch möglich, mit [AF] zu beginnen.)

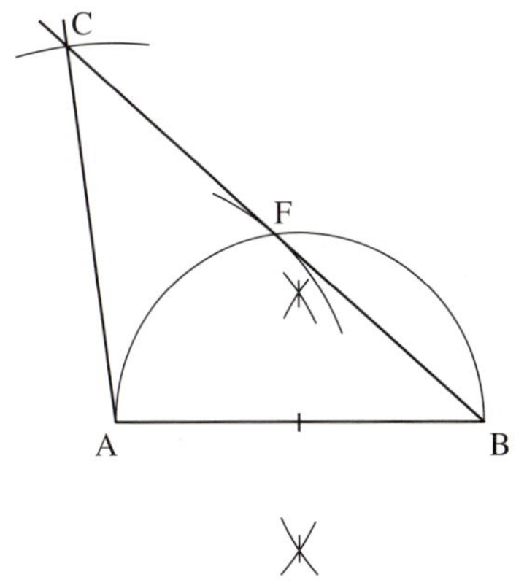

b)

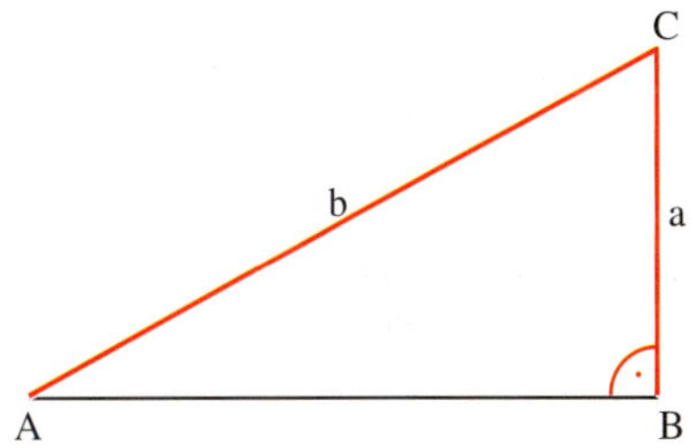

Konstruktionsplan:
(1) A und C sind durch $\overline{AC} = b$ gegeben.
(2) B liegt 1. auf dem Thaleskreis über [AC]
2. auf dem Kreis $k(C; a)$
(Hinweis: Es ist auch möglich, mit [BC] zu beginnen.)

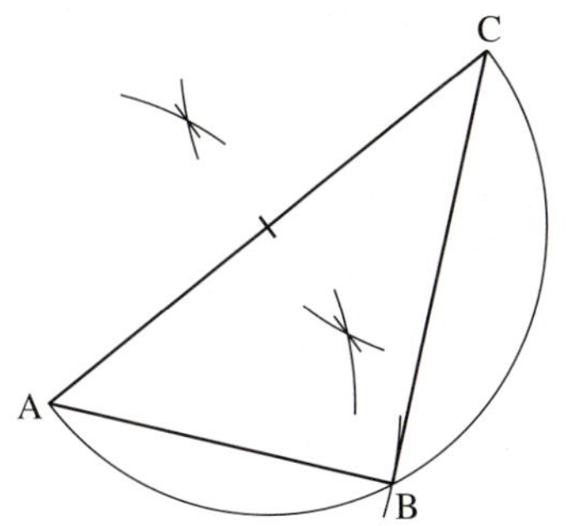

7

a) Keine Lösung, da $a + b < c$ im Widerspruch zur Dreiecksungleichung.
b) Lösung eindeutig nach SsW, da der gegebene Winkel β der größeren Seite b gegenüberliegt.
c) Es gibt zwei Lösungen. Der gegebene Winkel α liegt der kleineren Seite a gegenüber, daher ist SsW-Satz nicht erfüllt.
d) Keine Lösung, da wegen $b > c$ auch $\beta > \gamma$ sein müsste, also $\beta > 110°$ und somit $\beta + \gamma > 180°$ wäre, im Widerspruch zur Winkelsumme im Dreieck.
e) Lösung eindeutig. Die Parallele zu BC im Abstand h_a schneidet den Thaleskreis über [BC] zweimal, die sich ergebenden Dreiecke sind aber kongruent.

8

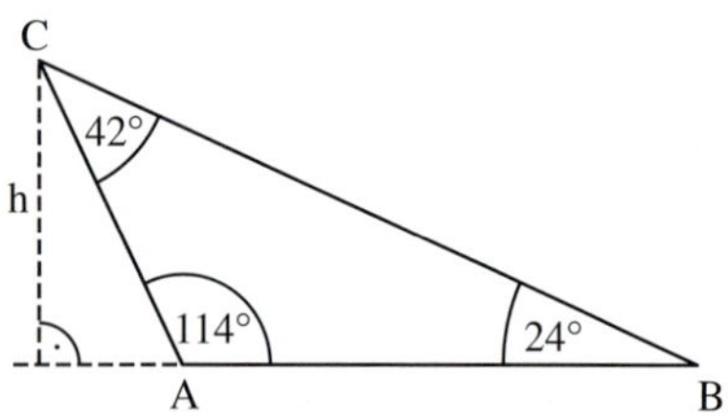

$\overline{AB} = 5{,}4\,cm$ (1 : 50 000)
Aus der Zeichnung: $h \approx 3{,}0\,cm$, also beträgt die Höhe ungefähr 1500 m.

9

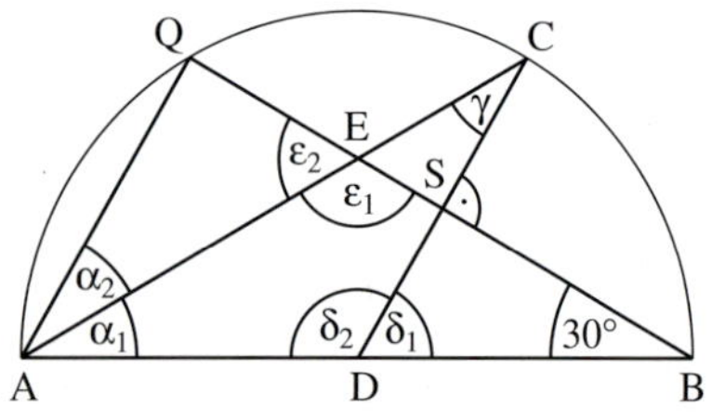

$\sphericalangle AQB = 90°$ (Thaleskreis über [AB])
$\delta_1 = 60°$ (Winkelsumme im ΔDBS)
$\delta_2 = 120°$ (Nebenwinkel)
$\alpha_1 = \gamma = 30°$ (Basiswinkel im gleichschenkligen ΔADC)
$\varepsilon_1 = 120°$ (Winkelsumme im Viereck ADSE)
$\varepsilon_2 = 60°$ (Nebenwinkel)

10

a) $\sphericalangle BCD = 180° - \gamma$
Wegen der Winkelsumme im Dreieck CBD gilt:
$\sphericalangle DBC + \sphericalangle CDB = \gamma$.
Da ΔCBD gleichschenklig ist, hat der Basiswinkel $\sphericalangle DBC$ die Größe $\frac{\gamma}{2}$. Die Wechselwinkel an BD und w_γ sind also gleich groß und daher gilt $BD \parallel w_\gamma$.
b) Es ist dann $\overline{AC} = \overline{BC} = \overline{DC}$, d. h. B liegt auf dem Thaleskreis über [AD]. ΔABD ist also rechtwinklig bei B.

Aufgaben, Seite 19

1

Die gesuchten Punkte liegen
a) 1. auf den Winkelhalbierenden der Geradenkreuzung g, h
2. auf der Mittelsenkrechten zu [AB]
Ergebnis: $P_1(0{,}5\,|\,5)$, $P_2(0{,}5\,|\,-2{,}5)$
b) 1. auf den Winkelhalbierenden der Geradenkreuzung g, h
2. auf dem Thaleskreis über [AS]
Ergebnis: $P_3 \approx (-0{,}8\,|\,5{,}5)$.
($P_4 \approx (0{,}9\,|\,-1{,}5)$ ergibt einen Winkeldrehsinn im Uhrzeigersinn)

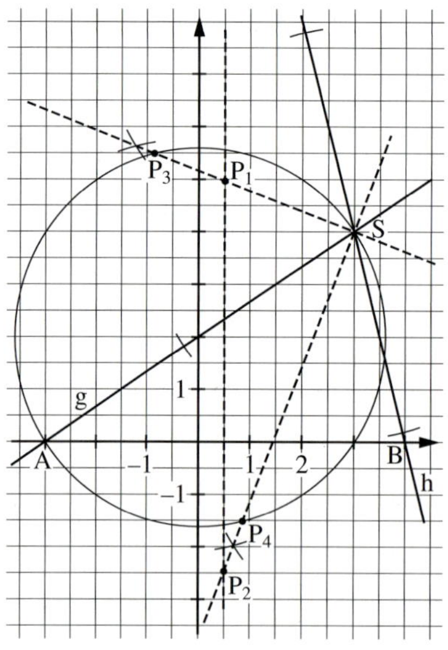

2

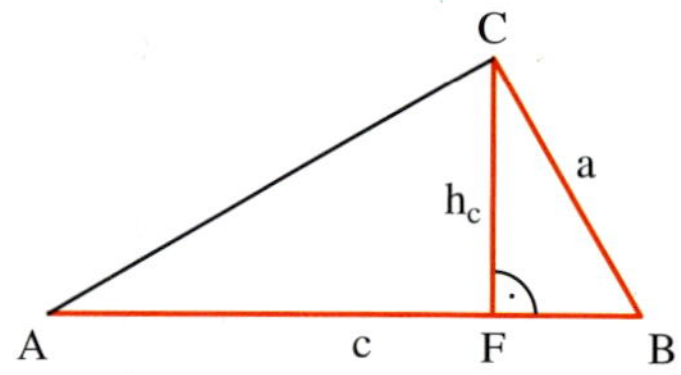

Konstruktionsplan:
(1) B und C sind durch $\overline{BC} = a$ gegeben.
(2) F liegt 1. auf dem Thaleskreis über [BC]
2. auf dem Kreis $k(C; h_c)$
(3) A liegt 1. auf BF
2. auf dem Kreis $k(B; c)$
Solange $h_c \leq a$, gibt es eine Lösung.

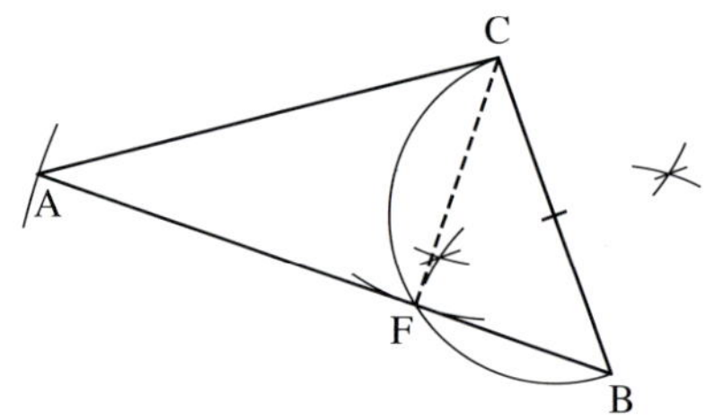

Hinweis: Man kann auch mit $\overline{AB} = c$ beginnen

3

Der gesuchte Mittelpunkt M hat von den Kreispunkten A und B die gleiche Entfernung (Radius), liegt also auf der Mittelsenkrechten von [AB]. Da das Dreieck PBM gleichschenklig $(\overline{PM} = \overline{BM} = r)$ ist, sind die Winkel bei den Punkten P und B gleich groß, also liegt M auf dem angegebenen freien Schenkel.

4

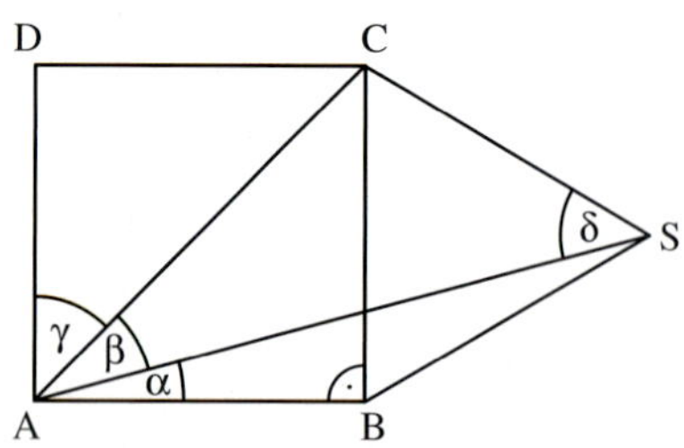

Da Dreieck CBS gleichseitig ist, gilt für das gleichschenklige Dreieck ABS:
$\alpha + (90° + 60°) + \alpha = 180°$, also $\alpha = 15°$
$\delta = 60° - \alpha = 45°$
$\beta = 45° - \alpha = 30° = 2\alpha$
$\gamma = 45°$, also $\gamma = 3\alpha$

5

a) nichtquadratische Raute
b) gleichschenkliges Trapez

6

Konstruiere die Winkelhalbierende von $\sphericalangle(g, h)$ und eine Parallele dazu im Abstand 3 cm. Ihr Schnittpunkt mit g (bzw. h) ist ein Berührpunkt. Errichte in diesem Punkt das Lot zu g (bzw. h); der Schnittpunkt mit der Winkelhalbierenden ist der gesuchte Kreismittelpunkt M.

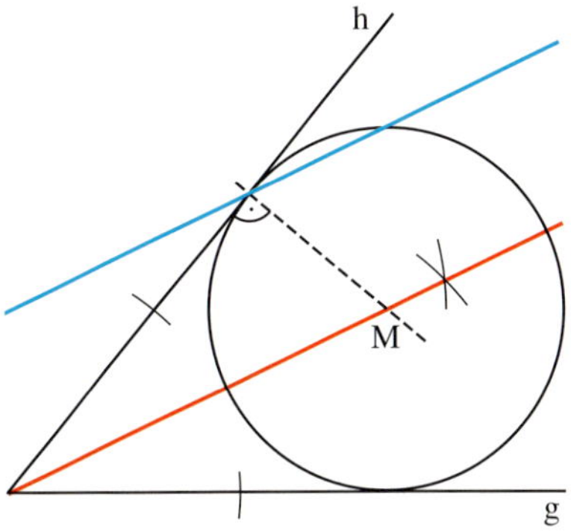

7

Gegeben sind b, f, β. Es wird ein Parallelogramm konstruiert, da $\gamma = 180° - \beta$ und $d = b$ bzw. $a = c$ genutzt wird.

8

Lösung:

a)

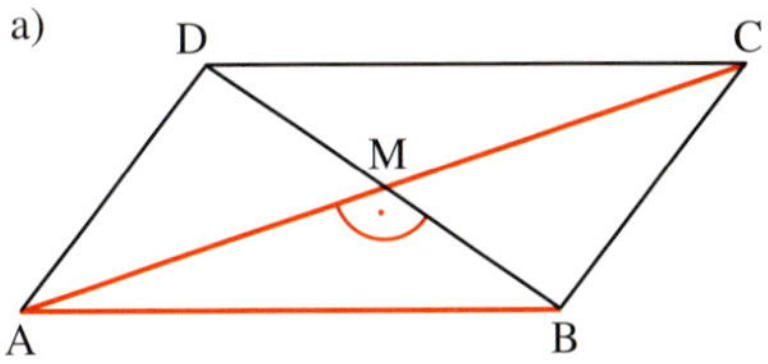

(1) A, B sind durch $\overline{AB}$ gegeben.
(2) M liegt
  1. auf dem Thaleskreis über [AB]
  2. auf dem Kreis $k(A; \frac{1}{2} \cdot \overline{AC})$
(3) C liegt
  1. auf [AM
  2. auf dem Kreis $k(A; \overline{AC})$
(4) D liegt
  1. auf BM
  2. auf dem Kreis $k(M; \overline{MB})$

b) Das Parallelogramm ABCD ist eine Raute, da es wegen $\sphericalangle AMB = 90°$ bezüglich beider Diagonalen symmetrisch ist.

9

Es ist $\sphericalangle CBD = 50°$ (Wechselwinkel, $b \parallel d$). $\sphericalangle DBA = \beta - 50° = 65°$ und somit $\alpha = 65°$ (Winkelsumme im ΔABD).
Das Teildreieck ABD ist eindeutig konstruierbar (WSW) und damit auch das Viereck ABCD.

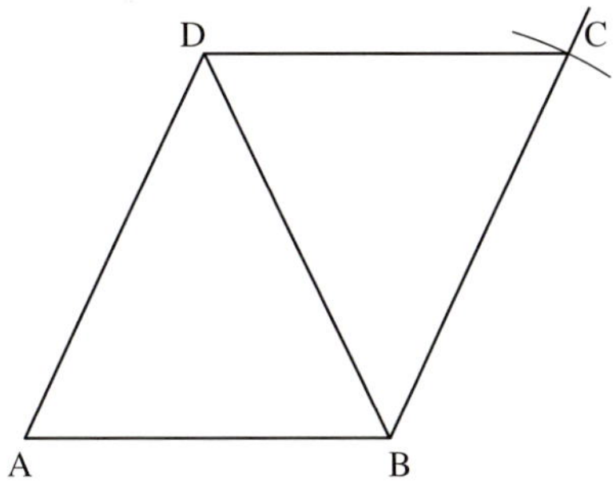

10

Position I Position II
(Zeichnungen verkleinert im Maßstab 1 : 2)

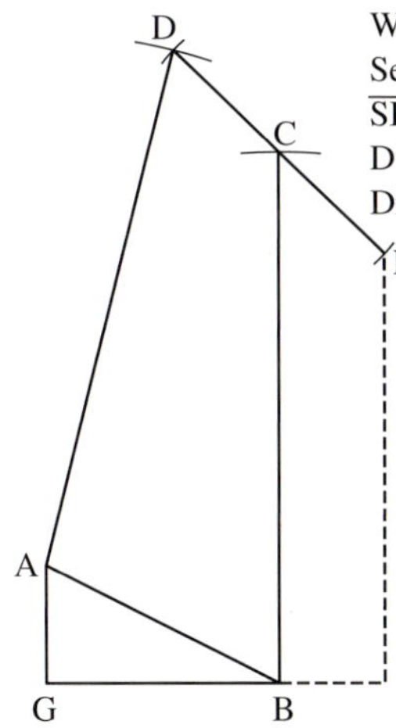

Wegen $DF \parallel GB$ ist SBCD ein Parallelogramm mit den Seitenlängen 2,5 m und 9 m. Also liegt S auf [GB] mit $\overline{SB} = 2{,}5$ cm in der Zeichnung (1 : 100).
D ergibt sich als Schnitt von $k(A; 9\,\text{cm})$ und $k(S; 9\,\text{cm})$.
Die Differenz der horizontalen Reichweiten beträgt etwa 7,1 m.

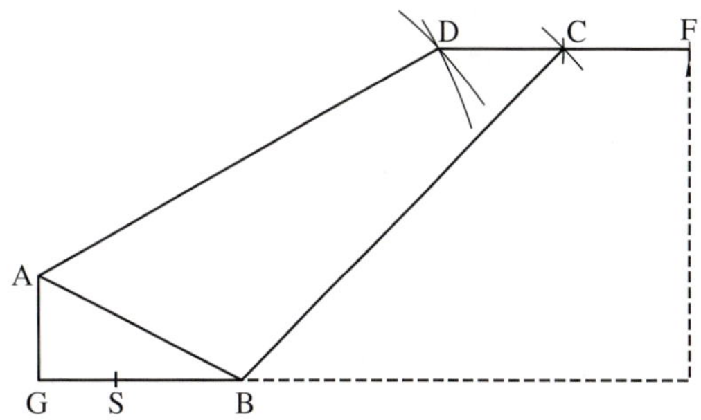

Aufgaben, Seite 21

1

a) Für die gegebenen Wertepaare gilt $x \cdot y = 84$, also ist $x \mapsto y$ eine umgekehrt proportionale Zuordnung mit der Zuordnungsvorschrift $x \mapsto \frac{84}{x}$.

x	0,8	2	3	3,2	3,5
y	**105**	42	28	**26,25**	24

b) Für die gegebenen Wertepaare gilt $\frac{y}{x} = \frac{1}{9}$, also handelt es sich bei $x \mapsto y$ um eine proportionale Zuordnung mit der Zuordnungsvorschrift $x \mapsto \frac{1}{9}x$.

x	3,6	6,75	8,1	10,8	11,7
y	0,4	0,75	**0,9**	1,2	**1,3**

2

Eier (Stück)	3	5	7
Milch in ml	375	625	875
Mehl in g	270	450	630
Fett in g	75	125	175

Es ist nicht sinnvoll, von $1\frac{1}{2}$, $2\frac{1}{2}$ oder $3\frac{1}{2}$ Prisen Salz zu sprechen.
Eine sinnvolle Angabe könnte sein: Prise Salz, große Prise Salz bzw. 2 Prisen Salz.

3

a) neue Schienen: $60{,}3\,\frac{kg}{m}$
alte Schienen: $\approx 48\,\frac{kg}{m}$
Der Quotient gibt die Masse pro Meter an. Die neuen Schienen sind also schwerer – vermutlich haben sie einen größeren Querschnitt und sind damit stabiler.

b) $60{,}3 : 48 \approx 1{,}26 = \frac{126}{100}$
Das neue Schienenstück ist ca. 26 % schwerer.

c) Masse von 1 km Gleis:
alte Schienen:
$2 \cdot 48\,\frac{kg}{m} \cdot 1000\,m = 96\,000\,kg = 96\,t$
neue Schienen: 120,6 t

4

a)

Länge l in cm	1	1,5	2	3	4	6	8	10	12
Breite b in cm	12	8	6	4	3	2	1,5	1,2	1

b) Für alle zugeordneten Größen gilt $l \cdot b = 12\,cm^2$. Die Zuordnung ist also umgekehrt proportional. Das Produkt gibt den Flächeninhalt eines Rechteckes der Länge l und der Breite b an.
Zuordnungsvorschrift: $l \mapsto \frac{12\,cm^2}{l}$

5

a) Anzahl der Tage: t
Ausgaben pro Tag: a
Es gilt: $a \cdot t = 870\,€$,
also ist $t \mapsto a = \frac{870\,€}{t}$ eine umgekehrt proportionale Zuordnung.

b)

t in d	4	6	8	10	12
a in $\frac{€}{d}$	217,50	145	108,75	87	72,50

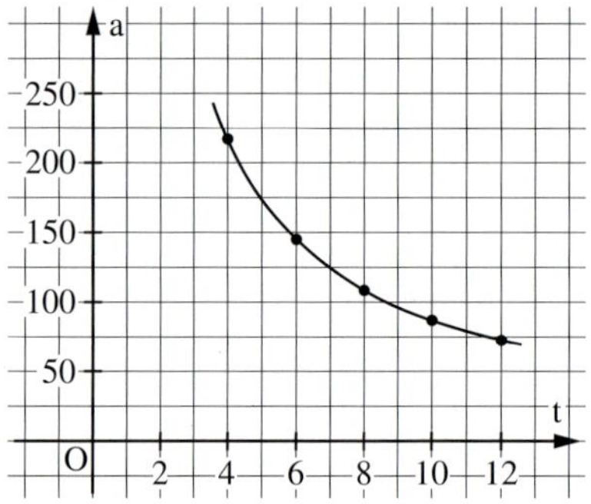

c) Die umgekehrte Zuordnung $a \mapsto t$ ist ebenfalls umgekehrt proportional, denn auch hier gilt $a \cdot t = 870\,€$

6

a) Die beiden Geraden beschreiben eine Bewegung mit konstanter Geschwindigkeit. Je steiler die Gerade, desto größer die Geschwindigkeit. Der nicht geradlinige Graph beschreibt eine Bewegung, bei der die Geschwindigkeit in der 1. Stunde und in der 4. und 5. Stunde angenährt konstant ist. In der 2. und 3. Stunde nimmt die Geschwindigkeit zunächst ab und steigt dann wieder an.

b) flache Gerade: $\frac{Weg}{Zeit} = 12{,}5\,\frac{km}{h}$
$t \mapsto s = 12{,}5\,\frac{km}{h} \cdot t$
steile Gerade: $\frac{Weg}{Zeit} = 75\,\frac{km}{h}$
$t \mapsto s = 75\,\frac{km}{h} \cdot t$

7

Für die Zuordnung *Zeitpunkt* $\mapsto$ *Außentemperatur* gibt es keine einfache Gesetzmäßigkeit, die eine Berechnung gestattet.

8

a) $63\,\frac{km}{h} = 63 \cdot \frac{1000\,m}{3600\,s} = 17{,}5\,\frac{m}{s}$

b) $37{,}5\,\frac{m}{s} = 37{,}5 \cdot \frac{\frac{1}{1000}\,km}{\frac{1}{3600}\,h} = 37{,}5 \cdot 3{,}6\,\frac{km}{h}$
$= 135\,\frac{km}{h}$

c) $475\,\frac{m}{min} = 475\,\frac{\frac{1}{1000}\,km}{\frac{1}{60}\,h} = 475 \cdot 0{,}06\,\frac{km}{h}$
$= 28{,}5\,\frac{km}{h}$

9

Es gilt: Zins = Kapital · Zinssatz.
Bei konstantem Zins ist die Zuordnung *Kapital* $\mapsto$ *Zinssatz* umgekehrt proportional.

Aufgaben, Seite 23

1

Daran, dass es eine Parallele zur y-Achse gibt, die den Graphen in mehr als einem Punkt schneidet.

2

a) (A) – (3), (B) – (1), (C) – (2), (D) – (4)

b) Mögliche Lösungen:

(A)

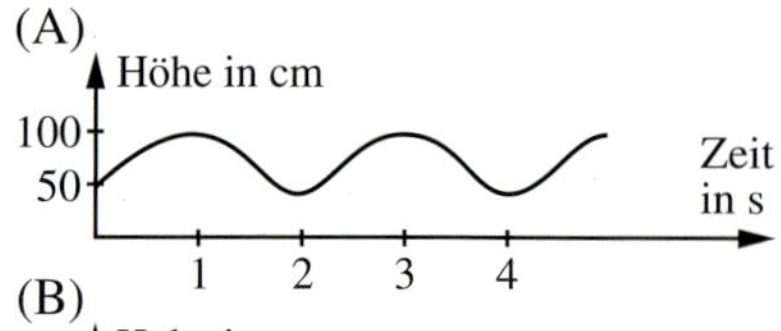

(B)

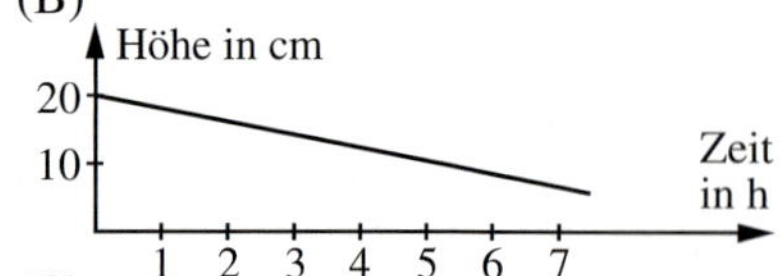

(C)

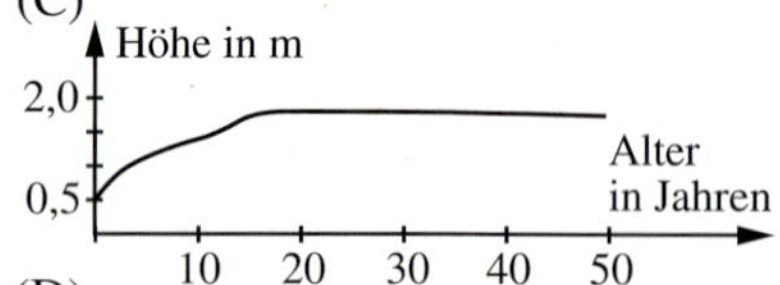

(D)

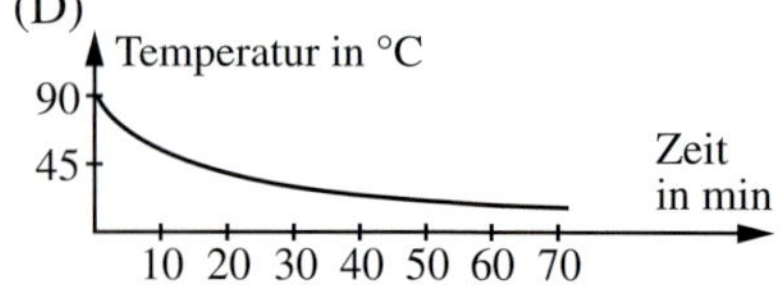

c)
(D)

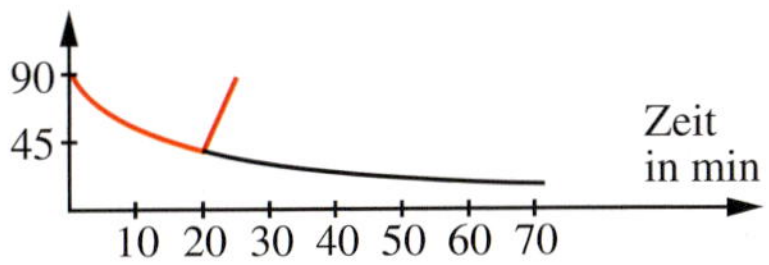

3

Nein, er hat nicht recht. Der untere Graph gehört zu einer anderen Funktion. Er schneidet zwar ebenso wie der obere Graph die y-Achse beim Wert 2,5. Jedoch verläuft der untere Graph im weiteren durch den Punkt (2,5|5), wohingegen der obere Graph im weiteren durch den Punkt (2,5|7,5) verläuft. Daher gehören sie zu unterschiedlichen Funktionen.
Anmerkung:
Zeichnet man einen größeren Ausschnitt des mittleren Graphen, so erkennt man, dass auch dieser durch A(0|2,5) und B(2,5|7,5) verläuft. Er gehört demnach zur selben Funktion wie der obere Graph.

4

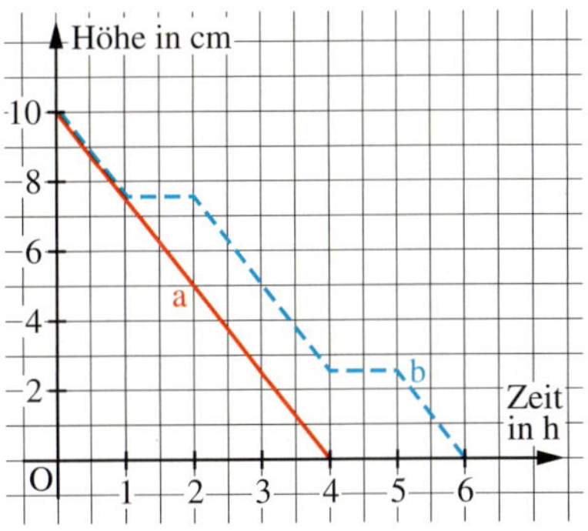

5

a) $r(x) = 0{,}5x$; $D = \mathbb{Q}$

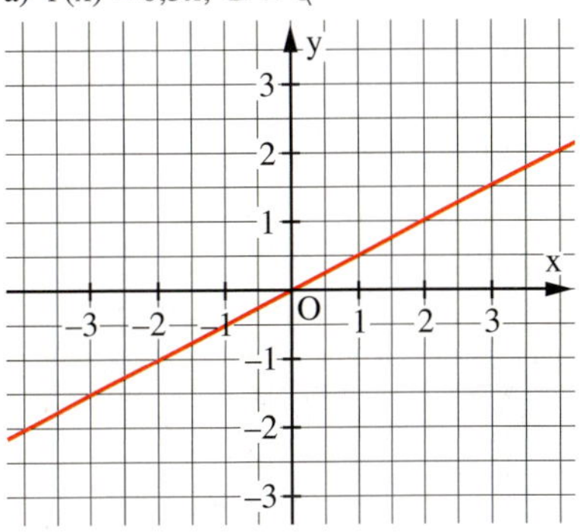

b) $f(x) = (x+3)^2$; $D = \mathbb{Q}$

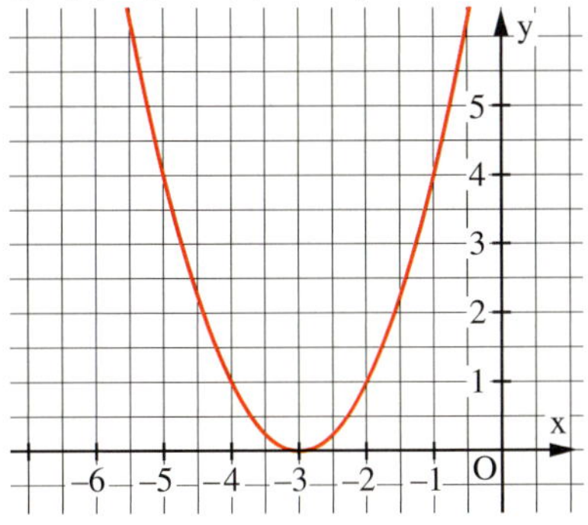

c) $k(x) = \frac{1}{x-3}$; $D = \mathbb{Q} \setminus \{3\}$

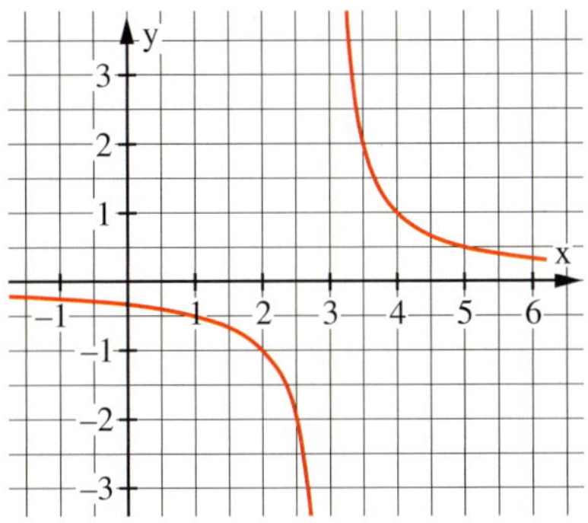

6

Es sind jeweils zwei mögliche Beispiele angegeben :

a) a: $x \mapsto 2x$ oder a: $x \mapsto x^2 - 1$

b) b: $x \mapsto \frac{1}{x}$ oder b: $x \mapsto \frac{2}{x} + 3$

c) c: $x \mapsto \frac{5}{x+2}$ oder c: $x \mapsto \frac{1}{2x+4}$

d) d: $x \mapsto \frac{2}{x - \frac{1}{3}}$ oder d: $x \mapsto \frac{1}{3x-1}$

7

a)

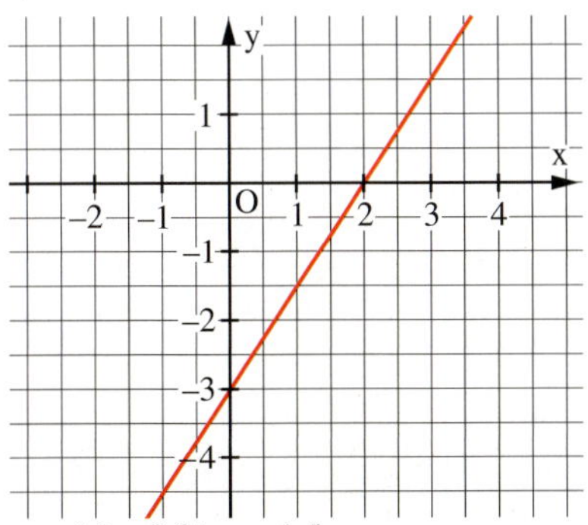

$a(x) = 0$ für $x = 1{,}5$;
$a(x) < 0$ für $x < 1{,}5$

b)

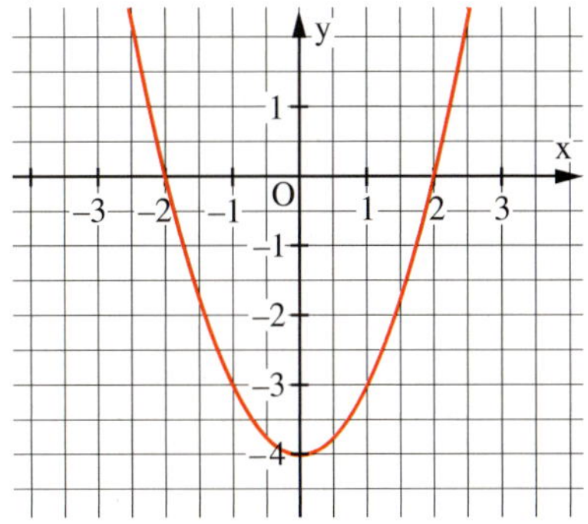

$b(x) = 0$ für $x_1 = -2$ oder $x_2 = 2$;
$b(x) < 0$ für $-2 < x < 2$

c)

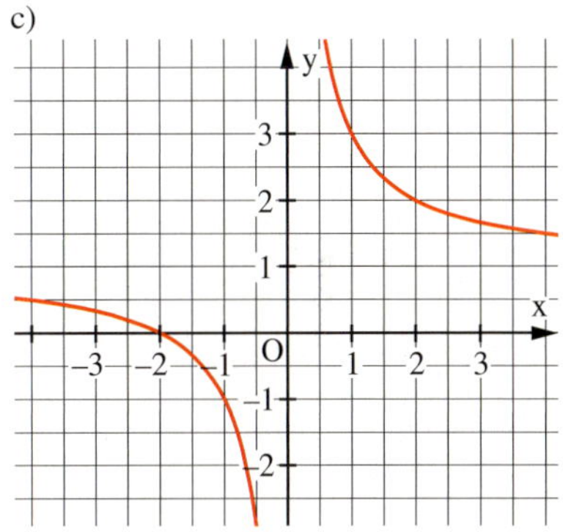

$c(x) = 0$ für $x = -2$;
$c(x) < 0$ für $-2 < x < 0$

d)

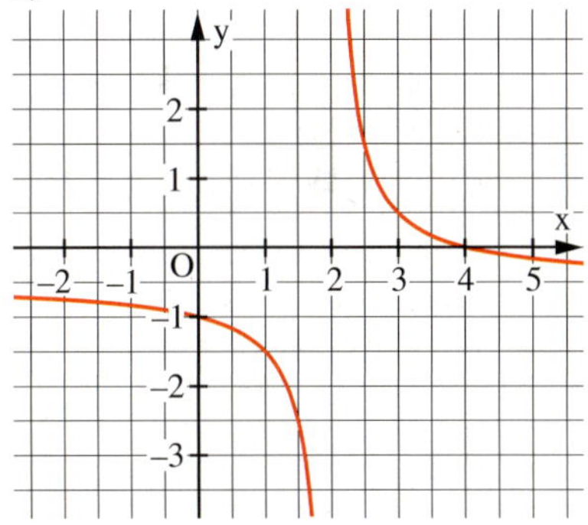

$d(x) = 0$ für $x = 4$;
$d(x) < 0$ für $x < 2$ oder $x > 4$

e) Hier ist es sinnvoll, den Funktionsterm erst zu vereinfachen:
$e(x) = -1{,}5x + 2{,}25$

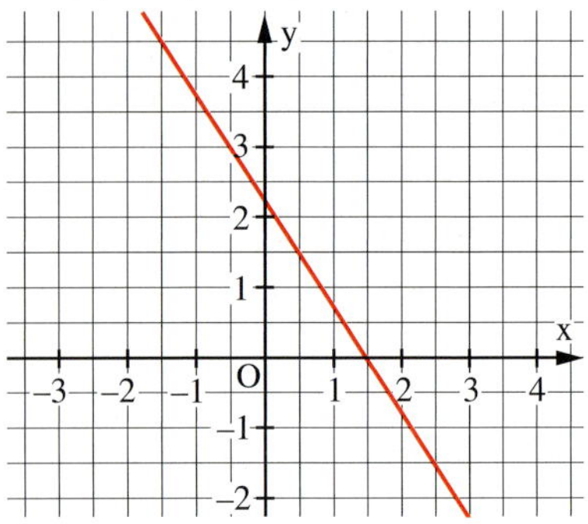

$e(x) = 0$ für $x = 1{,}5$;
$e(x) < 0$ für $x > 1{,}5$

f) Hier ist es sinnvoll, den Funktionsterm erst zu vereinfachen:
$f(x) = -x^2 - x + 2$

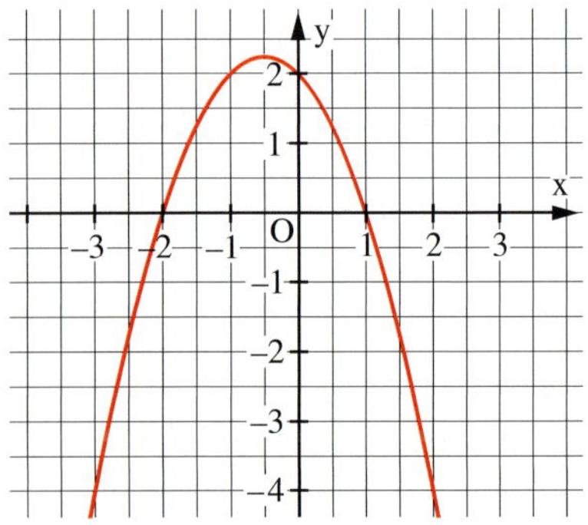

$f(x) = 0$ für $x_1 = -2$ oder $x_2 = 1$
$f(x) < 0$ für $x < -2$ oder $x > 1$

g) Der Graph G_f steigt für $x < -0{,}5$ an und erreicht für $x = -0{,}5$ seinen höchsten Punkt. Er verläuft dabei immer flacher, je näher man dem x-Wert $-0{,}5$ kommt. Für $x > -0{,}5$ fällt der Graph, er verläuft für zunehmende x-Werte immer steiler.
In den Punkten $N_1(-2|0)$ und $N_2(1|0)$ schneidet der Graph G_f die x-Achse, im Punkt $S(0|2)$ die y-Achse.

8

a) Länge der Kreisbögen:
$l_B = 2 \cdot \pi \cdot r \approx 2 \cdot 3{,}14 \cdot 36{,}50\,\text{m}$
$= 229{,}22\,\text{m}$
Länge des geraden Abschnitts:
$l_G = (400\text{m} - 229{,}22\text{m}) : 2 = 85{,}39\text{m}$

b) $A = l_G \cdot 2 \cdot r + \pi \cdot r^2$
$\approx 85{,}39\text{m} \cdot 2 \cdot 36{,}50\,\text{m}$
$+ 3{,}14 \cdot (36{,}50\,\text{m})^2$
$= 10\,416{,}735\,\text{m}^2 \approx 1{,}04\,\text{ha}$

c) Der Innenrand der 2. Bahn von innen hat in der Kurve einen größeren Radius: $r_2 = r + 1{,}20\,\text{m} = 37{,}70\,\text{m}$.
Für die 3. Bahn gilt $r_3 = r + 2 \cdot 1{,}20\,\text{m} = 38{,}90\,\text{m}$. Für die 8. Bahn gilt dann $r_8 = r + 7 \cdot 1{,}20\,\text{m} = 44{,}90\,\text{m}$.
Daher läuft er in den Kurven
$l_K = 2 \cdot \pi \cdot r_8 \approx 2 \cdot 3{,}14 \cdot 44{,}90\,\text{m}$
$\approx 281{,}97\,\text{m}$.
Also benötigt er $281{,}97\,\text{m} - 229{,}22\,\text{m} = 52{,}75\,\text{m}$ an Kurvenvorgabe.

9

Die Länge der vier Halbkreise kann in Abhängigkeit von x angegeben werden (beginnend mit dem kleinsten Halbkreis):
$l_1 = 3{,}14 \cdot x$
$l_2 = 3{,}14 \cdot 2x$
$l_3 = 3{,}14 \cdot 3x$
$l_4 = 3{,}14 \cdot 4x$
Die Gesamtlänge der Kreisbögen beträgt 31,4 cm, daher gilt:
$3{,}14 \cdot x + 3{,}14 \cdot 2x$
$+ 3{,}14 \cdot 3x + 3{,}14 \cdot 4x = 31{,}4\,\text{cm}$
Durch Vereinfachen erhält man:
$31{,}4\,x = 31{,}4\,\text{cm}$
oder: $x = 1\,\text{cm}$
Antwort:
Die Länge der Strecke x beträgt 1 cm.

Aufgaben, Seite 25

1

$f: x \mapsto 2{,}5x$; $g: x \mapsto -3x + 11$
$h: x \mapsto \frac{2}{7}x + 2$; $k: x \mapsto -0{,}25x - 1{,}25$

2

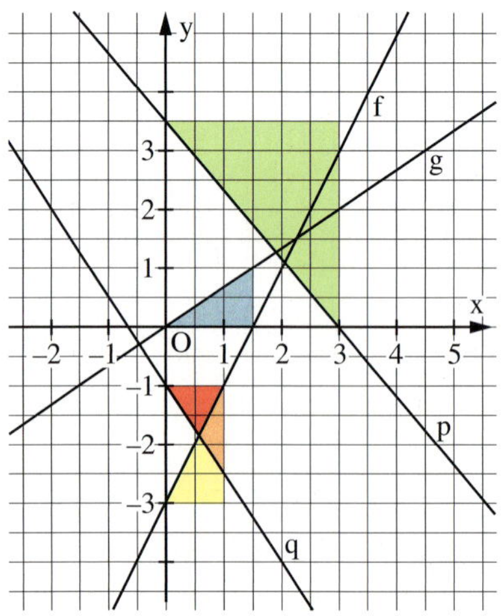

3

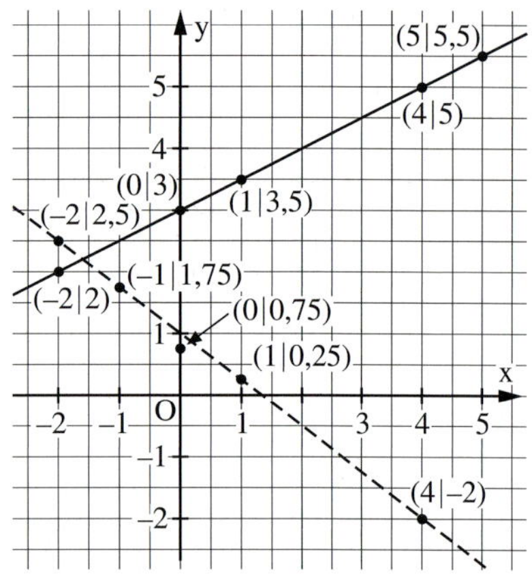

Da bei a) alle Punkte der Tabelle auf einer Geraden liegen, können sie zu einer linearen Funktion gehören.
Dies ist bei b) nicht der Fall, da der Punkt $(0|0{,}75)$ nicht auf der Geraden durch die anderen Punkte liegt.

4

$U = 3a + 6\,\text{cm}$;
aus $3a + 6\,\text{cm} > 30\,\text{cm}$ folgt $a > 8\,\text{cm}$.
Die Seite a muss länger als 8 cm sein.

5

a) $f: x \mapsto -2x + 7$;
Schnittpunkt mit x-Achse: $(3{,}5|0)$
Schnittpunkt mit y-Achse: $(0|7)$

b) $f: x \mapsto 0{,}5x + 1{,}5$;
Schnittpunkt mit x-Achse: $(-3|0)$
Schnittpunkt mit y-Achse: $(0|1{,}5)$

6

a) $m = \frac{6-2}{3+1} = 1$, also $f(x) = x + t$
$f(-1) = 2$; aus $-1 + t = 2$ folgt $t = 3$,
also $f(x) = x + 3$
Nullstelle $N(-3|0)$

b) $m = \frac{7+4}{5-3} = \frac{11}{2} = 5{,}5$,
also $f(x) = 5{,}5x + t$
$f(3) = -4$;
aus $16{,}5 + t = -4$ folgt $t = -20{,}5$,
also $f(x) = 5{,}5x - 20{,}5$
Nullstelle $N\left(3\frac{8}{11}\middle|0\right)$

7

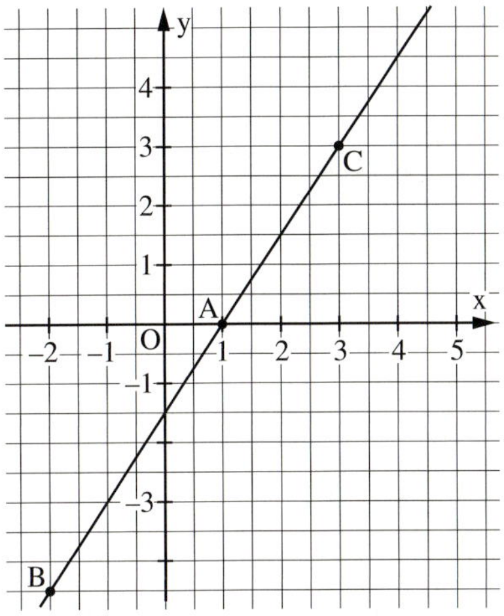

Die Punkte A, B und C liegen auf einer Geraden.
Rechnerische Überprüfung:
Gerade AB: $g(x) = 1{,}5x - 1{,}5$
Test für C: $g(3) = 4{,}5 \;\; - 1{,}5 = 3$
d. h. $C \in AB$.

8

a) b)

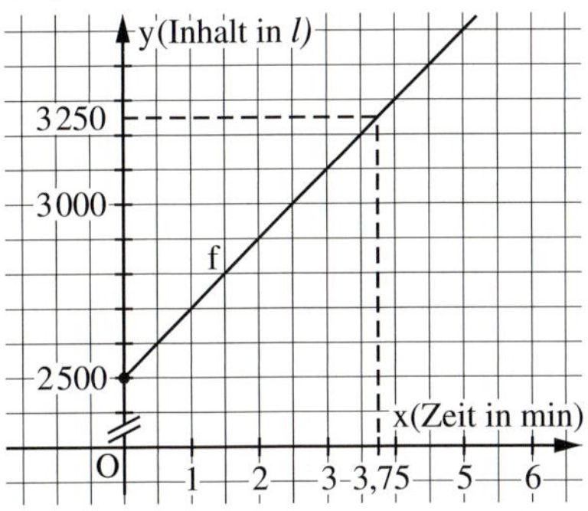

a) $f: x \mapsto 200x + 2500$;
b) $f(x) = 3250$,
also $200x + 2500 = 3250$; $x = 3{,}75$
Nach 3,75 Minuten (3 Min 45 Sek) enthält der Behälter 3250 *l*.

c) $g: x \mapsto -400x + 2500$

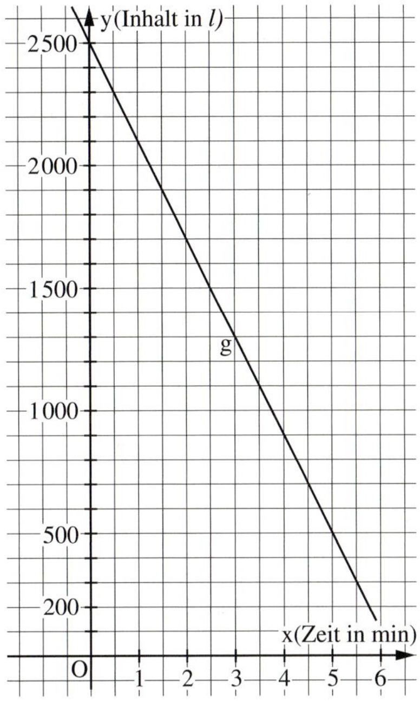

9

a) b) c) d) Zeichnerische Lösung
$f: x \mapsto -2x + 6$
$g: x \mapsto \frac{3}{4}x + 1$
$h: x \mapsto -\frac{2}{5}x + 3$
$k: x \mapsto 1{,}2x - 3$

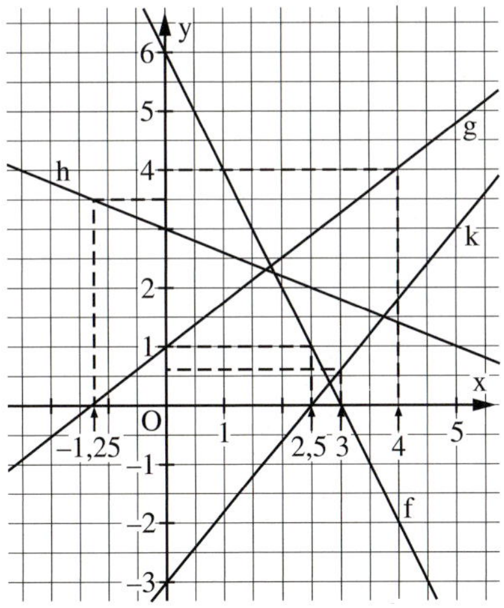

Rechnerische Lösung
a) $-2x + 6 = 1$; $\quad x = 2{,}5$
b) $\frac{3}{4}x + 1 = 4$; $\quad x = 4$
c) $-\frac{2}{5}x + 3 = \frac{7}{2}$; $\quad x = -1\frac{1}{4}$
d) $1{,}2x - 3 = 0{,}6$; $\quad x = 3$

10

a) $x > -6$; $\quad L = \{x \mid x > -6\} =]-6;\ \infty[$
b) $x > -\frac{5}{3}$; $\quad L = \{x \mid x > -\frac{5}{3}\} =]-\frac{5}{3};\ \infty[$
c) $x \leqq \frac{2}{3}$; $\quad L = \{x \mid x \leqq \frac{2}{3}\} =]-\infty;\ \frac{2}{3}]$
d) $x \geqq 0$; $\quad L = \{x \mid x \geqq 0\} = [0;\ \infty[$

11

Rechnerisch: $\frac{4}{3}x + 1 \geqq -\frac{2}{3}x - 2 \quad | -1$
$\frac{4}{3}x \geqq -\frac{2}{3}x - 3 \quad | + \frac{2}{3}x$
$2x \geqq -3 \quad | :2$
$x \geqq -1{,}5$

Graphisch: $f: x \mapsto \frac{4}{3}x + 1$
$g: x \mapsto -\frac{2}{3}x - 2$

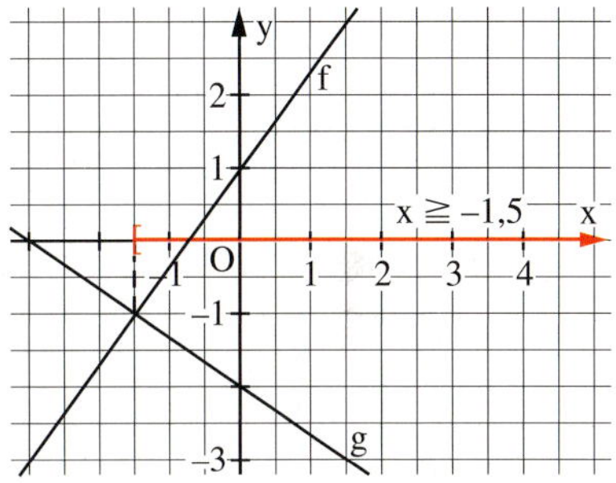

$L = \{x \mid x \geqq -1{,}5\}$

12

a) Der Schnittpunkt R(5|1) kann graphisch oder rechnerisch bestimmt werden.

b)

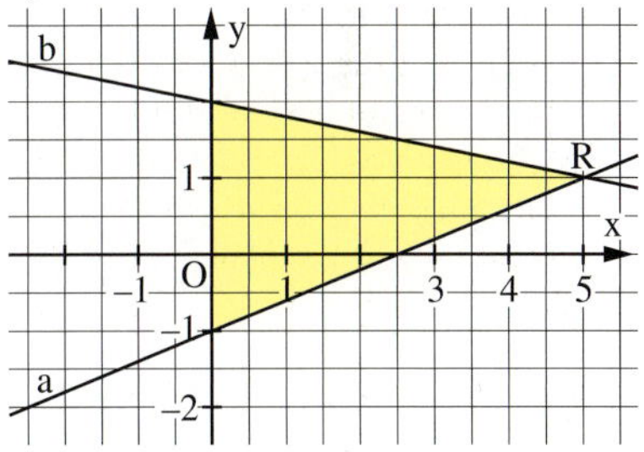

$A = \frac{1}{2} \cdot g \cdot h = \frac{1}{2} \cdot 3\,\text{cm} \cdot 5\,\text{cm} = 7{,}5\,\text{cm}^2$

13

Ansatz: $f(x) = mx + t$;
a) Aus $m = \frac{1}{3}$ und $f(1{,}5) = -2{,}5$ folgt
$\frac{1}{3} \cdot 1{,}5 + t = -2{,}5$; $t = -3$
Also $y = f(x) = \frac{1}{3}x - 3$
b) Aus $m = -0{,}5$ und $f(5) = 0$ folgt
$-0{,}5 \cdot 5 + t = 0$; $t = 2{,}5$
Also $y = f(x) = -0{,}5x + 2{,}5$

Aufgaben, Seite 27

1

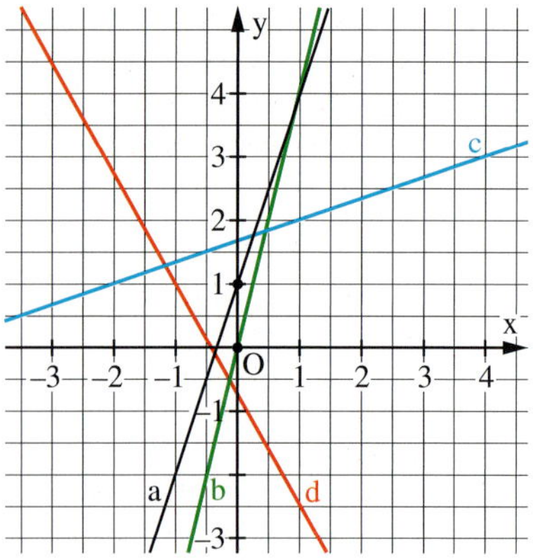

2

linker Streifen: z. B. $2x - y = 0$
rechter Streifen: z. B. $2x - y = -2$
Es genügen zwei Lösungspaare, um eine Gleichung aufzustellen.

3

a)

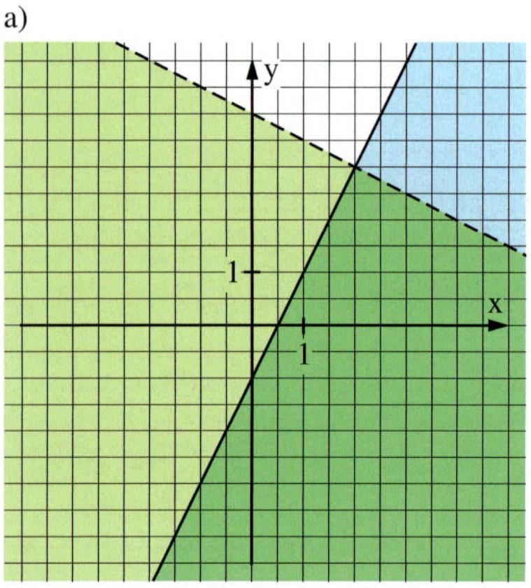

b)

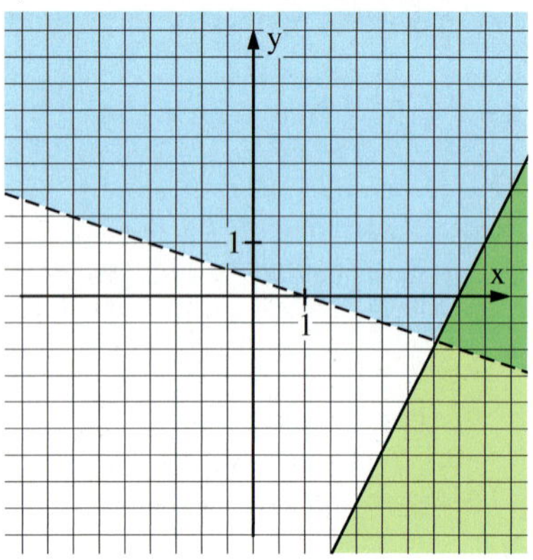

c)

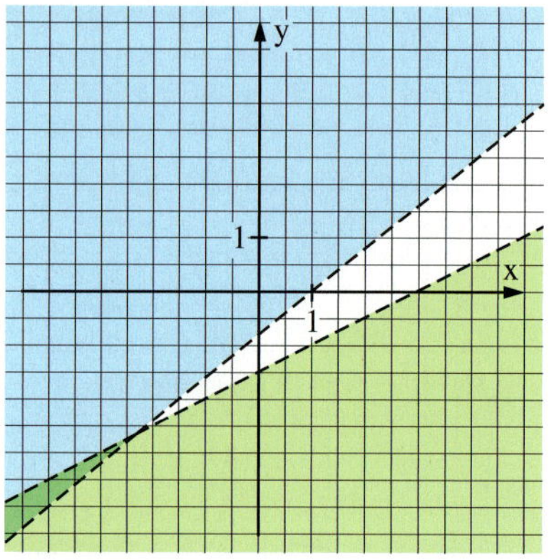

d)

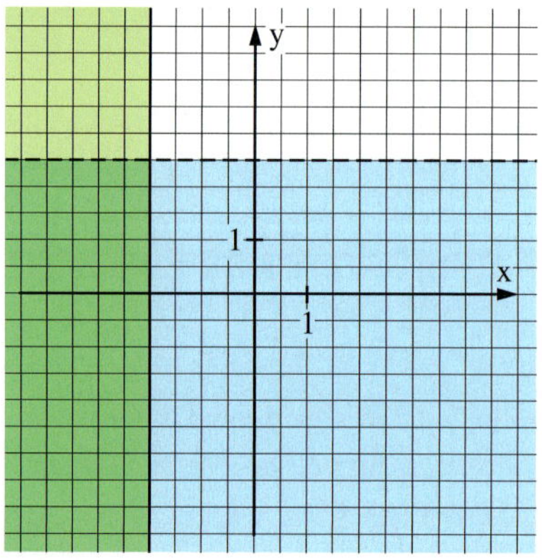

4

$x \leqq 1$
$y \leqq -2x + 3$
$y \leqq \frac{5}{3}x + 3$
$y \geqq \frac{1}{2}x - \frac{1}{2}$

5

z. B. f: $2x - y = 0$
g: $\frac{1}{2}x + y = 1{,}5$ oder $x + 2y = 3$
h: $x + y = -1$
k: $y = 2{,}5$
l: $\frac{1}{3}x - y = -2$ oder $x - 3y = -6$

Da alle fünf Geraden nicht parallel zueinander verlaufen, ergeben sich $(5 \cdot 4) : 2 = 10$ Schnittpunkte

f und g: $(0{,}6 \mid 1{,}2)$
f und h: $\left(-\frac{1}{3} \middle| -\frac{2}{3}\right)$
f und k: $(1{,}25 \mid 2{,}5)$
f und l: $(1{,}2 \mid 2{,}4)$
g und h: $(-5 \mid 4)$
g und k: $(-2 \mid 2{,}5)$
g und l: $(-0{,}6 \mid 1{,}8)$
h und k: $(-3{,}5 \mid 2{,}5)$
h und l: $(-2{,}25 \mid 1{,}25)$
k und l: $(1{,}5 \mid 2{,}5)$

6

a) keine Lösung
b) genau eine Lösung: $\left(\frac{5}{6} \middle| \frac{3}{4}\right)$
c) unendlich viele Lösungen
d) keine Lösung

7

a) Lösung: $(1 \mid 2)$
b) Lösung: $(10 \mid 3)$
c) Lösung: $(3 \mid 1)$
d) Lösung: $(0 \mid 5)$
e) Lösung: $(0 \mid 0)$
f) Lösung: $(4 \mid -2)$

8

Die graphische Darstellung der Lösungsmenge der linearen Gleichung $2x + 5y = 0$ ist eine **Ursprungs**gerade, was man auch daran erkennt, dass die Gleichung nach der Variablen y aufgelöst, die Funktionsgleichung einer direkten Proportionalität ergibt: $y = -\frac{2}{5}x$.
Nur in solch einem Speziallfall $ax + by = \mathbf{0}$, d. h. $y = -\frac{a}{b}x$ gilt: dem Doppelten, Dreifachen, … des x-Wertes entspricht auch das Doppelte, Dreifache, … des y-Wertes.

9

a) Lösung: $\left(-\frac{23}{27} \middle| \frac{3}{2}\right)$
b) Lösung: $(21 \mid 1)$
c) Lösung: $(1{,}8 \mid 0{,}8)$
d) Lösung: $(2{,}5 \mid -1{,}1)$
e) Lösung: $(1{,}4 \mid 0)$
f) Lösung: $\left(\frac{2}{5} \middle| \frac{5}{3}\right)$

10

1. Zahl: x   2. Zahl: y
(I) $3x + 4y = 52$
(II) $15y - 13x = 1$
Lösung: $x = 8$ und $y = 7$

11

Anzahl der Mädchen-Zelte: x
Anzahl der Jungen-Zelte: y
(I) $3x + 4y = 43$
(II) $x + y = 12$
Lösung: $x = 5$ und $y = 7$
Es waren 15 Mädchen.

12

a) Gerade AB: (I) $1 = -1\,m + t$
(II) $6 = 4\,m + t$
ergibt: AB: $y = x + 2$
Gerade CD: (I) $0 = 2\,m + t$
(II) $3 = -4\,m + t$
ergibt: CD: $y = -\frac{1}{2}x + 1$

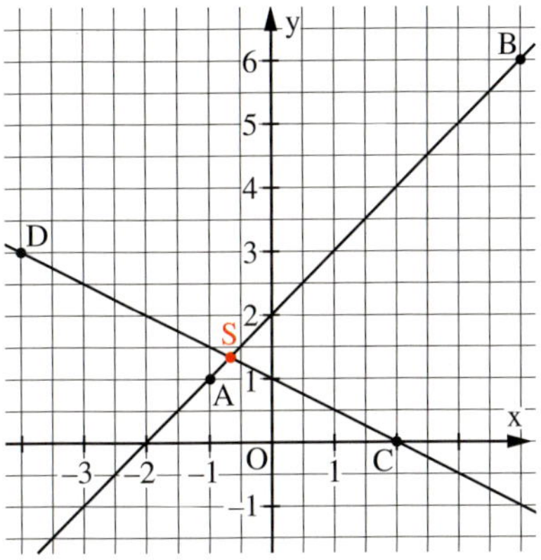

Schnittpunkt $S\left(-\frac{2}{3}\middle|\frac{4}{3}\right)$

b) Gerade AB: (I) $-2 = 0\,m + t$
(II) $3 = 4\,m + t$
ergibt: AB: $y = \frac{5}{4}x - 2$
Gerade CD: (I) $-3 = 0\,m + t$
(II) $1{,}5 = 6\,m + t$
ergibt: CD: $y = \frac{3}{4}x - 3$

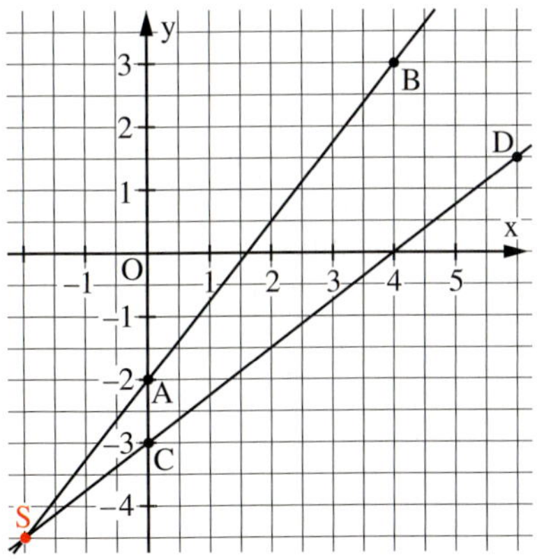

Schnittpunkt $S(-2\,|\,-4{,}5)$

Aufgaben, Seite 29

1

Nach dem Zählprinzip gibt es insgesamt $3 \cdot 3 \cdot 3 \cdot 3 \cdot 3 \cdot 3 \cdot 3 \cdot 3 \cdot 3 \cdot 3 = 3^{10} = 59\,049$ verschiedene Möglichkeiten, die Antworten anzukreuzen.

a) Bei genau einer Möglichkeit sind alle Antworten richtig. Also gilt für die Wahrscheinlichkeit des Ereignisses „alle Antworten sind richtig": $\frac{1}{59\,049} \approx 0{,}000\,017$.

b) Die ersten 4 Antworten sind richtig; es gibt pro Frage 1 Möglichkeit. Die nächsten 6 Antworten sind falsch; es gibt pro Frage 2 Möglichkeiten, also insgesamt $1 \cdot 1 \cdot 1 \cdot 1 \cdot 2 \cdot 2 \cdot 2 \cdot 2 \cdot 2 \cdot 2 = 64$ Möglichkeiten.
P(„genau 4 Antworten sind richtig") $= \frac{64}{59\,049} \approx 0{,}0011 = 0{,}11\,\%$

c) Man berechnet zunächst die Wahrscheinlichkeit des Gegenereignisses „alle Antworten sind falsch", da diese einfach bestimmt werden kann: Wenn alle Antworten falsch sind, gibt es pro Frage 2 Möglichkeiten, falsch zu antworten, also insgesamt $2 \cdot 2 \cdot 2 \cdot 2 \cdot 2 \cdot 2 \cdot 2 \cdot 2 \cdot 2 \cdot 2 = 2^{10} = 1024$ Möglichkeiten, alles falsch zu beantworten. Die Wahrscheinlichkeit, alle Fragen falsch zu beantworten, beträgt somit: $\frac{1024}{59\,049}$. Folglich ist die Wahrscheinlichkeit mindestens eine richtige Antwort zu haben
$1 - \frac{1024}{59\,049} = \frac{58\,025}{59\,049} \approx 0{,}98$.

2

Körper (1) besteht aus $4 \cdot 3 \cdot 2 + 3 = 27$ Teilwürfeln.

Anzahl blauer Flächen	0	1	2	3	4	5
Anzahl der Teilwürfel	2	3	11	9	2	0
Wahrscheinlichkeit	$\frac{2}{27}$	$\frac{3}{27}$	$\frac{11}{27}$	$\frac{9}{27}$	$\frac{2}{27}$	0

Körper (2) besteht aus $4 \cdot 4 \cdot 2 - 2 \cdot 2 \cdot 2 + 3 = 27$ Teilwürfeln.

Anzahl blauer Flächen	0	1	2	3	4	5
Anzahl der Teilwürfel	0	4	11	10	2	0
Wahrscheinlichkeit	0	$\frac{4}{27}$	$\frac{11}{27}$	$\frac{10}{27}$	$\frac{2}{27}$	0

3

a) Es gibt insgesamt 5 Möglichkeiten, eine davon ist günstig, also beträgt die Wahrscheinlichkeit für „rot" $\frac{1}{5}$.

b) Es sind nur noch 4 Kugeln in der Urne, eine davon ist rot, also beträgt die Wahrscheinlichkeit für „rot" $\frac{1}{4}$.

4

a) Er hat für die Geschenkpapiere 8 Farben und für die Bänder nur 7 Farben, da Papier und Band verschiedenfarbig sein sollen. Nach dem Zählprinzip gibt es somit $8 \cdot 7 = 56$ Möglichkeiten.

b) Da gleiche Farben zugelassen sind, gibt es je 8 Möglichkeiten, d. h. insgesamt $8 \cdot 8 = 64$ Möglichkeiten.

5

	Kugelnummern	P(Ereignis)
A	11, 13, 15, 17, 19, 20	$\frac{6}{11}$
B	16, 17, 18, 19	$\frac{4}{11}$
C	10, 12, 14, 15, 16, 18, 20	$\frac{7}{11}$
D	11, 13, 17, 19	$\frac{4}{11}$
E	15	$\frac{1}{11}$

6

Wenn die Zahl vierstellig sein soll, dann kann an der ersten Stelle keine Null stehen.

a) Für die erste Stelle gibt es 3 Möglichkeiten (Ziffern 1, 2, 3). Da die Ziffern alle verschieden sein sollen, bleiben für die zweite Stelle zwei Ziffern und die Null übrig, so dass es wiederum 3 Möglichkeiten gibt. Für die dritte Stelle gibt es dann 2 Möglichkeiten und für die vierte 1 Möglichkeit. Nach dem Zählprinzip gibt es somit $3 \cdot 3 \cdot 2 \cdot 1 = 18$ Zahlen.

b) Für die erste Stelle gibt es 3 Möglichkeiten (Ziffern 1, 2, 3). Für die zweite und jede weitere Stelle jeweils 4 Möglichkeiten. Nach dem Zählprinzip gibt es somit $3 \cdot 4 \cdot 4 \cdot 4 = 192$ Zahlen.

c) Für jede Stelle gibt es 3 Möglichkeiten. Nach dem Zählprinzip gibt es somit $3 \cdot 3 \cdot 3 \cdot 3 = 81$ Zahlen.

d) Für die 1. Stelle gibt es 2 Möglichkeiten (Ziffern 2 oder 3). Für jede weitere Stelle gibt es 3 Möglichkeiten. Nach dem Zählprinzip gibt es somit $2 \cdot 3 \cdot 3 \cdot 3 = 54$ Zahlen.

7

a)

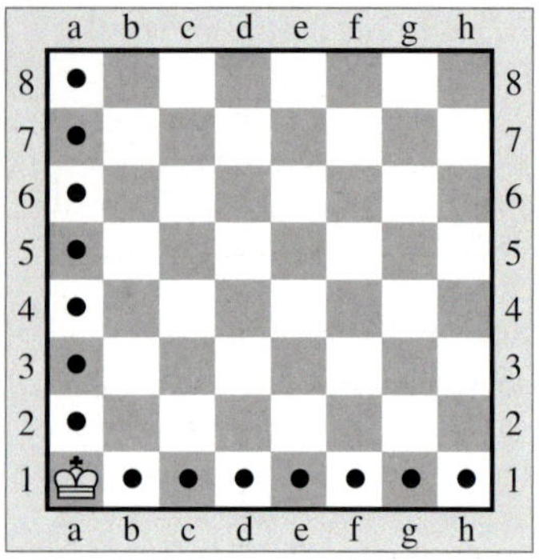

Es verbleiben 63 Felder, wobei der Turm von 7 + 7 = 14 Feldern aus Schach bieten kann. Die Wahrscheinlichkeit für Schach beträgt somit $\frac{14}{63} = \frac{2}{9}$.

b)

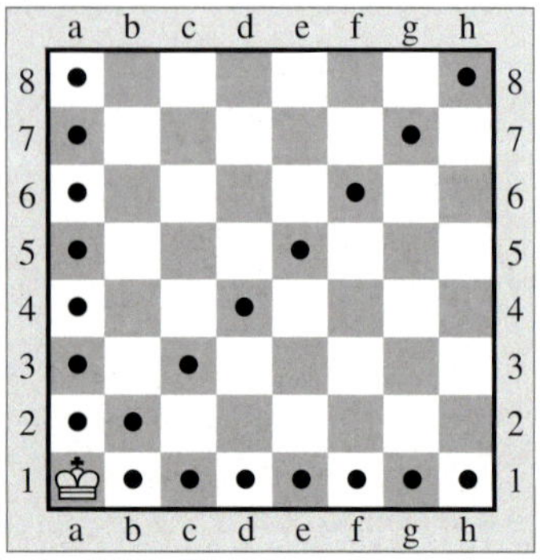

Es verbleiben 63 Felder, wobei die Dame von 7 + 7 + 7 = 21 Feldern aus Schach bieten kann. Die Wahrscheinlichkeit für Schach beträgt somit $\frac{21}{63} = \frac{1}{3}$.

c) Turm:

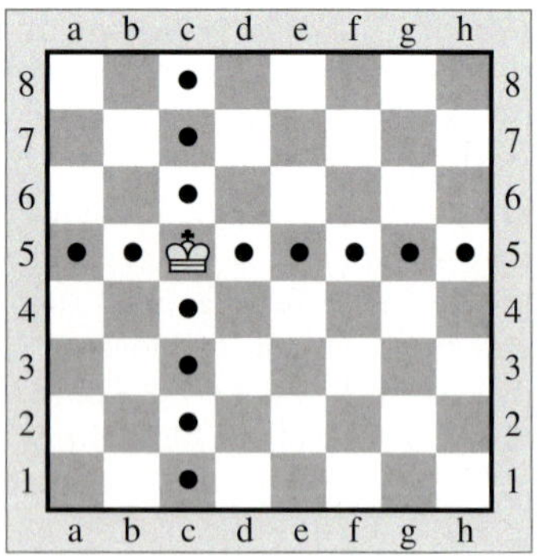

Unabhängig von der Position des Königs gibt es 7 + 7 = 14 Felder, von denen aus der Turm Schach bieten kann. Die Wahrscheinlichkeit beträgt $\frac{2}{9}$.

Dame:

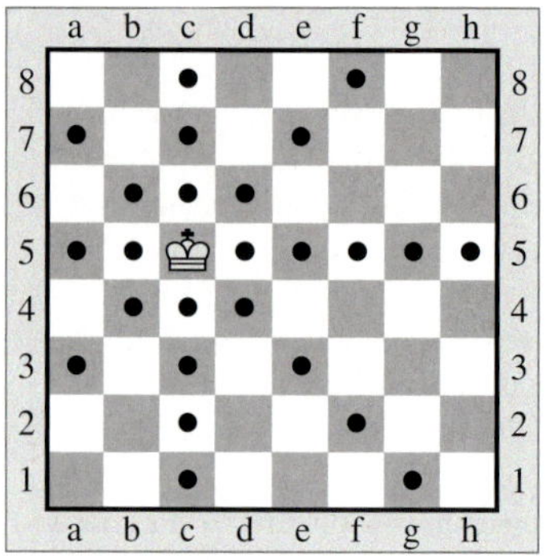

Abhängig von der Position des Königs gibt es unterschiedlich viele Felder, von denen aus die Dame Schach bieten kann. Zu den 14 „Feldern des Turms“ kommen noch Felder auf Diagonalen hinzu. Im eingezeichneten Fall sind es 5 + 6 = 11 Felder. Die Maximalzahl wird erreicht, wenn der König auf d4, d5, e4 oder e5 steht. Es kommen dann zu den 14 „Turmfeldern“ noch 7 + 6 = 13 Felder. Die Wahrscheinlichkeit für Schach beträgt dann $\frac{27}{63} = \frac{3}{7}$.

8

Für die drei ersten CDs gibt es $10 \cdot 9 \cdot 8 = 720$ Möglichkeiten.
Bei genau 1 Möglichkeit liegen die CDs in der vorgegebenen Reihenfolge.
Die Wahrscheinlichkeit beträgt $\frac{1}{720}$

Aufgaben, Seite 31

1

a)

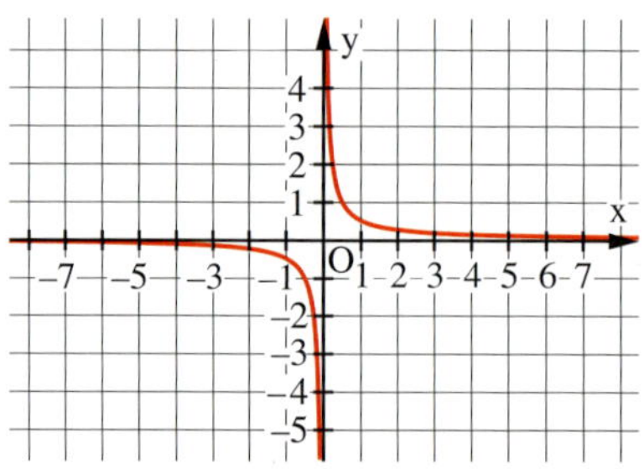

Asymptoten: x = 0; y = 0

b)

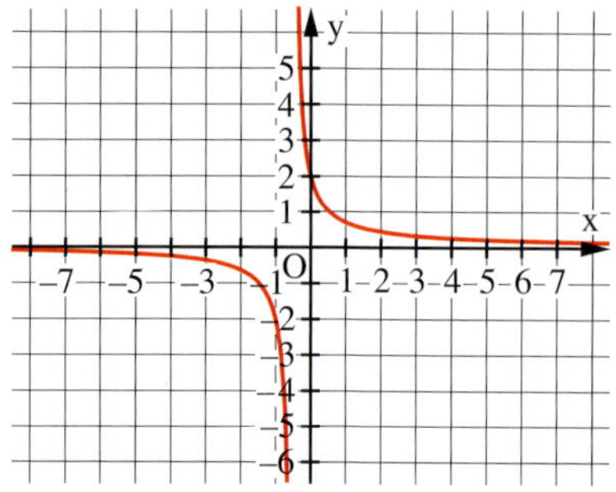

Asymptoten: x = –0,5; y = 0

c)

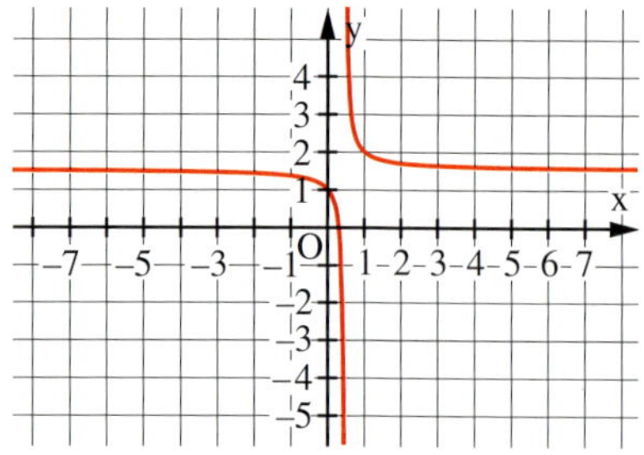

Asymptoten: x = 0,5; y = 1,5

d)

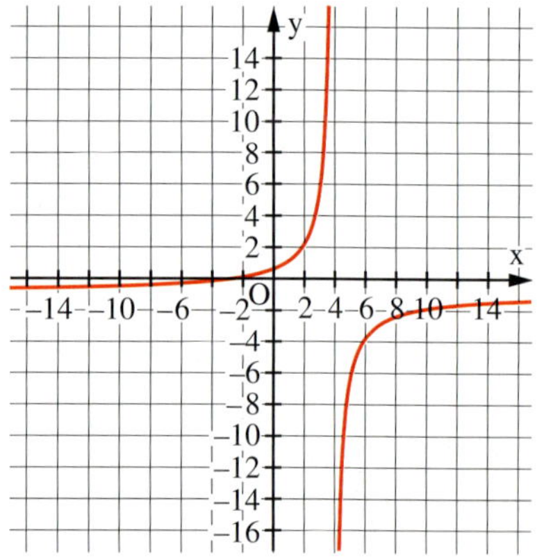

Asymptoten: x = 4; y = –1

2

a) $f(x) = -\frac{1}{x}$
Asymptoten: x = 0; y = 0

b) $f(x) = \frac{3}{x-2}$
Asymptoten: x = 2; y = 0

c) $f(x) = \frac{8x}{3x+2}$
Asymptoten: $x = -\frac{2}{3}$; $y = \frac{8}{3}$

d) $f(x) = \frac{-2}{3x-2}$
Asymptoten: $x = \frac{2}{3}$; y = 0

3

a) f: $x \mapsto \frac{1}{2x+5}$ b) f: $x \mapsto \frac{-2x}{x+1}$

c) f: $x \mapsto \frac{x}{3-2x}$

4

a) $\frac{3+x}{3-x^2}$ b) $-\frac{3}{2}$ c) $-\frac{x}{2}$ d) $\frac{2}{5}$

5

rot: f: $x \mapsto \frac{1}{x+2}$

grün: f: $x \mapsto \frac{2x}{x+1}$

blau: f: $x \mapsto 2x + 4$

lila: f: $x \mapsto -0{,}5x - 1{,}5$

6

a) $\frac{3x^2+5x+1}{x^2+x}$ b) $-\frac{5x+1}{10x-2}$

c) $\frac{27x-5}{60x^2}$ d) -5

7

a) $\frac{3(8x^2+1)}{4x(4x+1)}$ b) $\frac{1+2x}{1-2x}$ c) $\frac{1}{3x}$

8

a) $\frac{7}{12}$ b) 3,1 c) -1 d) $-\frac{2}{3}$

e) 36 f) 0 g) -1 h) $-\frac{18}{11}$

i) 3 k) $L = \{\}$

9

a) x^4 b) $\frac{1}{16}y^5$ c) $x^3 + \frac{1}{x^2}$

10

z.B. $\frac{2}{3}$: $\frac{2+(-5)}{3+(-5)} = \frac{-3}{-2} = \frac{3}{2}$

Gleichung: $\frac{2+x}{3+x} = \frac{3}{2}$ also $x = -5$

allgemein: $-(a+b)$ ist zu addieren

11

$\frac{15}{x} - \frac{12}{x+1} = \frac{30}{x(x+1)}$ also $x = 5$,
es sind also die Zahlen 5 und 6

12

z.B.: $\frac{1}{x} + 2 = \frac{3}{x+4}$

13

a) $a = s(1-q)$; $q = 1 - \frac{a}{s}$; $q \neq 1$ und $s \neq 0$

b) $x = \frac{y}{zy+1}$; $y = \frac{x}{1-zx}$;
$x \neq 0$; $y \neq 0$; $z \neq -\frac{1}{y}$; $z \neq \frac{1}{x}$

c) $v = \frac{3}{3w+1}$; $v \neq 0$; $w \neq -\frac{1}{3}$

Aufgaben, Seite 33

1

$h = \frac{e}{a} \cdot h'$ (Strahlensatz)

a) $h = 21{,}875\,\text{m} \approx 22\,\text{m}$

b) $h = 14{,}3\,\text{m} \approx 14\,\text{m}$

2

Vergrößerungsfaktor 5

Bild: $15\,\text{cm} \times 10\,\text{cm}$

3

a) $u = 5{,}5$; $v = 6$; $x = 8{,}75$; $y = 8{,}4$

b) $u = 8$; $v = 9$; $x = 11{,}25$; $y = 12$

4

Strahlensatz (Zentrum A):

$\frac{\overline{BC}}{6\,\text{cm}} = \frac{7{,}5\,\text{cm}}{10\,\text{cm}}$; $\overline{BC} = 4{,}5\,\text{cm}$

Strahlensatz (Zentrum E):

$\frac{\overline{FH}}{10\,\text{cm}} = \frac{5\,\text{cm}}{6\,\text{cm}}$; $\overline{FH} = 8\frac{1}{3}\,\text{cm}$

($\overline{AE} = 7\,\text{cm}$ wird nicht benötigt.)

5

Es gibt 2 Lösungen, je nachdem, ob die 36 cm lange Seite der Seite mit 15 cm oder 24 cm Länge entspricht.

(1) $a' : a = 36 : 15$; $b' = 57{,}6\,\text{cm}$;
$A' = 2073{,}6\,\text{cm}^2$

(2) $a' : a = 36 : 24$; $b' = 22{,}5\,\text{cm}$;
$A' = 810\,\text{cm}^2$

6

Die beiden Dreiecke sind nicht ähnlich: Sie haben zwar einen (spitzen) Winkel gemeinsam, aber der stumpfe Winkel des roten Dreiecks beträgt 135°, der des blauen Dreiecks ist kleiner als 135°, da der andere spitze Winkel schon 45° misst.

7

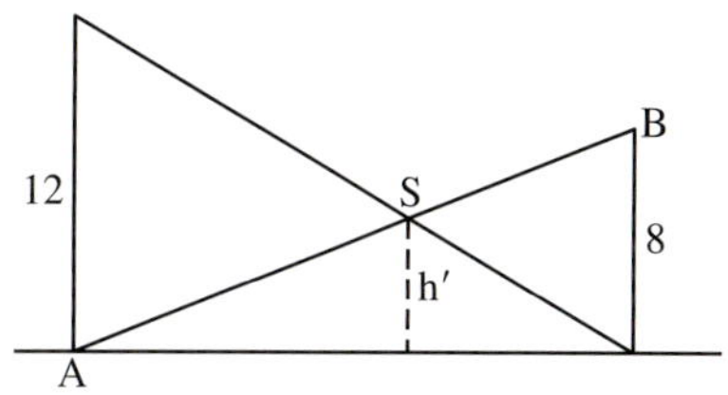

a) Strahlensatz (Zentrum S):
$\overline{AS} : \overline{BS} = 12 : 8$; $\overline{BS} = \frac{2}{3} \cdot \overline{AS}$
Folglich: $\overline{AB} = \overline{AS} + \overline{BS}$
$= \overline{AS} + \frac{2}{3} \cdot \overline{AS} = \frac{5}{3} \cdot \overline{AS}$
Strahlensatz (Zentrum A):
$h' : 8 = \overline{AS} : \overline{AB}$; $h' : 8 = \overline{AS} : \left(\frac{5}{3} \cdot \overline{AS}\right)$,
also $h' = 4{,}8\,\text{cm}$; $h = 5{,}8\,\text{cm}$

b) Die Höhe h bleibt gleich, auch wenn die Stäbe verschoben werden.

8

Es gilt für die Vierecke:

ABDC ~ CDFE ~ EFHG

$\frac{\overline{AC}}{\overline{CE}} = \frac{3}{4} = \ldots$

a) $\overline{AB} = \frac{3}{4} \cdot \overline{CD} = \frac{3}{4} \cdot \left(\frac{3}{4} \cdot \overline{EF}\right)$
$= \left(\frac{3}{4}\right)^2 \cdot \left(\frac{3}{4} \cdot \overline{GH}\right)$
$\approx 1{,}01\,\text{m}$, also ist [AB] um ungefähr 1,39 m kürzer als [GH].

b) $\overline{FG} = 3{,}99\,\text{m}$; $\overline{DE} \approx 2{,}99\,\text{m}$;
$\overline{BC} \approx 2{,}24\,\text{m}$

G 1
Kennzeichne im Koordinatensystem alle Punkte, die von A(−2|1) und B(3,5|−2) mehr als 4 cm (genau 4 cm) entfernt sind.

G 2
Thomas hat beim Abschreiben der Hausaufgabe eine Klammer vergessen:

$12^2 - 12 \cdot (-3) + 4 \cdot (-34) + 34]$

Zu Hause überlegt er, wo die fehlende Klammer stehen könnte. Er setzt die Klammer so, dass er am wenigsten rechnen muss. Welches Ergebnis erhält er?

G 3
Berechne die Umfänge und Inhalte der farbigen Flächen (Maße in mm).

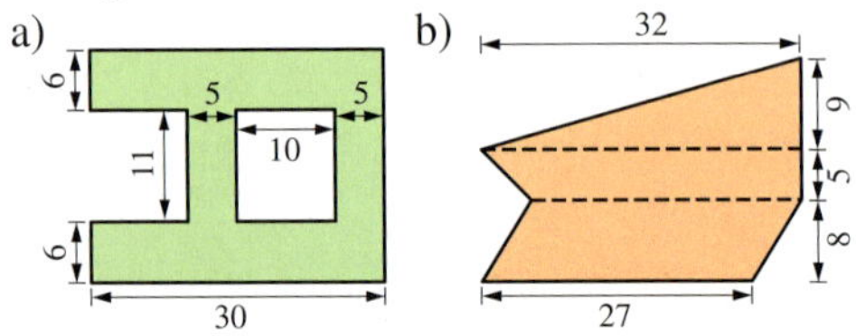

G 4
Multipliziere die Zahl $\frac{2}{3}$ mit sich selbst und subtrahiere vom Ergebnis das Produkt der Zahlen 0,4 und $\frac{3}{4}$.
Zeichne auch einen Rechenbaum.

G 5
Zerlege in Primfaktoren.

a) 320 b) $7{,}2 \cdot 10^2$
c) $-120 : (-2)$ d) 97
e) 2400 f) $-2 \cdot (-90)$
g) 256 h) $(-24)^2$
i) $-25 \cdot (-8^3)$ k) 500 000

G 6
Erläutere anhand einer geeigneten Skizze, wie du den Oberflächeninhalt eines Prismas berechnen würdest, dessen Oberfläche sich aus 7 Flächen zusammensetzt.

G 7
In der Rechenmauer wird nach oben hin addiert. Welchen Wert muss ☺ annehmen?

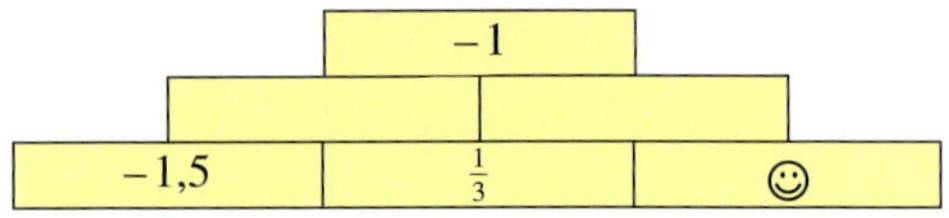

G 8
Veranschauliche mit Hilfe von drei Kreisdiagrammen die Brüche $\frac{5}{6}$ und 75 % sowie deren Differenz.

G 9
Heiko, Jan und Thomas wollen sich auf drei Stühle setzen. Wie viele Möglichkeiten haben sie?
Veranschauliche die Situation mit Hilfe eines Baumdiagramms.

G 10
Durch welche Veränderungen des Grundwertes oder des Prozentsatzes kann man eine Verdoppelung des Prozentwertes erreichen? Beantworte die Frage anhand eines selbstgewählten Beispiels.

G 11
Berechne das Volumen (Maße in cm).

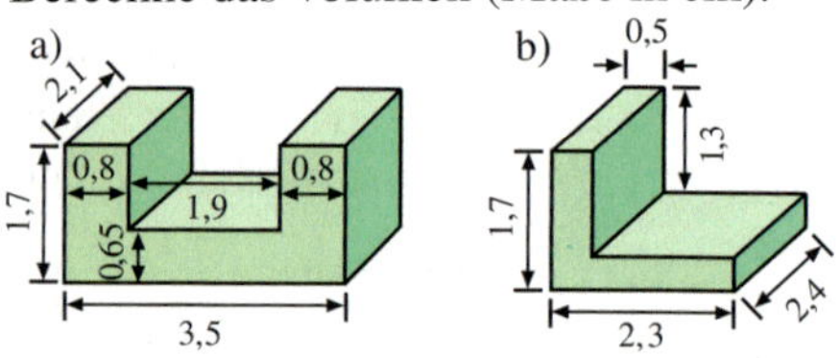

G 12
Konstruiere in einem Kreis mit Radius 4 cm ein Rechteck, dessen Ecken auf der Kreislinie liegen und dessen eine Seite 3 cm lang ist.

G 13
Berechne: $0{,}5 - \left[3{,}75 : \left(-\frac{3}{4}\right) + \frac{2}{3} \cdot 0{,}66\right]$.
Wie ändert sich der Wert des Terms, wenn 0,66 durch $0{,}\overline{6}$ ersetzt wird?

G 14
Welche der folgenden Terme haben den gleichen Wert?
-4^3; $4^2 \cdot (-4)$; $4 \cdot (-4)^2$; $(-4)^3$

G 15

Zeichne ein Schrägbild des Körpers so, dass die grüne Fläche vorn ist.

G 16

Ist es möglich, vier verschiedene Bruchzahlen anzugeben, die größer als $\frac{5}{9}$ und kleiner als 1 sind?
Falls nein, begründe. Falls ja, gib sie an.

G 17

Berechne geschickt mit Hilfe der Rechengesetze:

a) $40\cdot 58 - 40\cdot 18$
b) $25\cdot(4\cdot 78) + (53\cdot 2)\cdot 50$
c) $34\cdot 23 + 23\cdot 34 + 32\cdot 34$
d) $12\cdot 11 - 17\cdot 12 + 9\cdot 12 - 12\cdot 13$
e) $-\frac{4}{7}\cdot 13\cdot\frac{7}{4} - \frac{7}{4}\cdot\frac{1}{3}\cdot 4$

G 18

In der folgenden Figur ist $g \parallel h$; w_1 und w_2 sind Winkelhalbierende. Übertrage die Figur ins Heft. Wie groß ist ε?

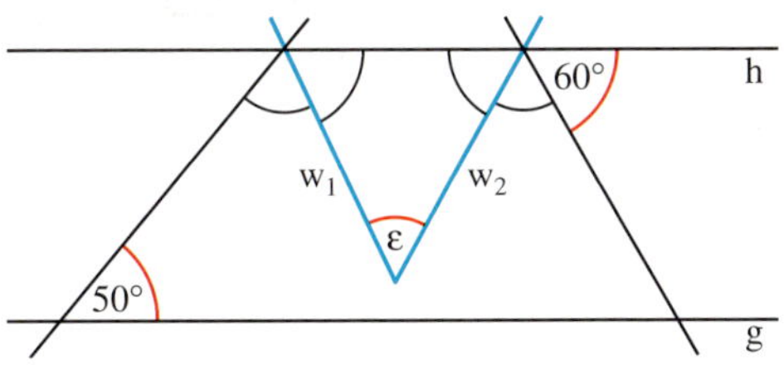

G 19

Wie viel Prozent?

a) Von 8000 Autos wurden 2432 verkauft.
b) Der Preis wurde von 140 Euro auf 99 Euro gesenkt.
c) Nur 83 der 650 Schüler kommen mit dem Fahrrad.

G 20

In einem Dreieck ist $\alpha = \beta$. Der Winkel γ ist um 18° kleiner (um 15° größer; halb so groß; dreimal so groß) wie α.
Wie groß sind die Winkel des Dreiecks?

G 21

In der Rechenmauer wird nach oben hin addiert. Welchen Wert muss a annehmen?

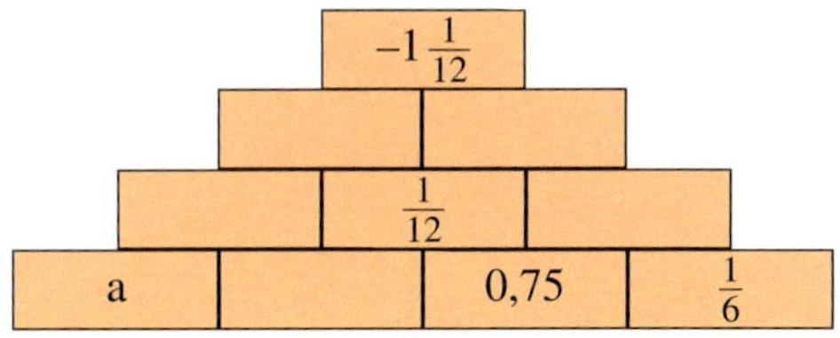

G 22

Überschlage zuerst und berechne dann.

a) $42{,}80 + 37{,}519$ b) $330{,}49 - 79{,}58$
c) $8 - \frac{1}{5} + 1{,}9 + \frac{19}{20}$ d) $6{,}8 + 2{,}5 - 10\frac{1}{10} - \frac{1}{3}$
e) $3\frac{1}{8} - 2{,}3 + 18{,}75\,\% - (2^3 - 3^2)\cdot 2$

G 23

a) Wie bezeichnet man den folgenden Körper?

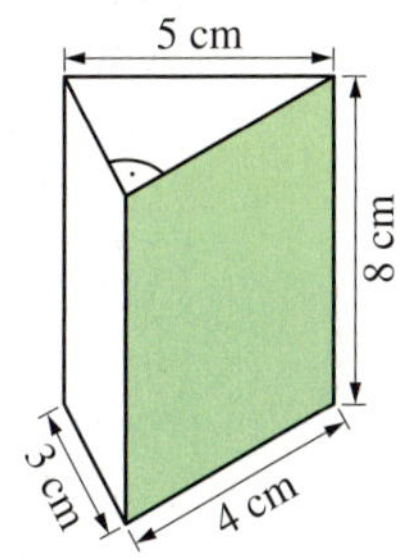

b) Zeichne ein Netz des Körpers und bestimme seinen Oberflächeninhalt.
c) Zeichne ein Schrägbild des Körpers, das den Körper auf der bunten Seitenfläche liegend mit der Grundfläche nach vorne weisend zeigt.
d) Berechne das Volumen des Körpers.

G 24

a) Welche Lage können achsensymmetrische Geraden bezüglich der Achse haben? Zeichne verschiedene Fälle.
b) Zwei Winkel ∢ ASB und ∢ PSQ sind symmetrisch zur Achse a. Was lässt sich folgern? Skizziere die Situation.

G 25

Leo setzt aus 54 Würfeln der Kantenlänge 0,02 m einen Quader zusammen.

a) Wie viele verschiedene Quader kann er bauen? Skizziere für eine dieser Möglichkeiten ein Schrägbild.

b) Bei welcher der Möglichkeiten erhält man das größte Quadervolumen? Begründe. Gib den Wert dieses Volumens an.

G 26

Wo könnte der Fehler in der Rechnung liegen? Wie lautet das richtige Ergebnis?

$\left(0{,}8 - 2{,}8 \cdot \frac{3}{4}\right) \cdot \left[\left(-\frac{1}{2}\right) \cdot (-3)\right] = -2{,}25$

G 27

a) $1\,\text{m}^2 - 10\,\text{dm}^2 + 100\,\text{cm}^2$

b) $1\,\text{m}^3 - 1000\,\text{cm}^3 + 100\,l$

c) $13\frac{1}{2}\,\text{m}^3 - 51{,}6\,\text{dm}^3 - 5500\,\text{cm}^3$

d) $\frac{1}{4}\,\text{km}^2 - 5\,\text{ha} - 2520\,\text{m}^2$

e) $(78\,\text{hl} - 3\,\text{m}^3) : 1{,}6$

f) $(3{,}2\,\text{ha} - 1480\,\text{m}^2) \cdot 0{,}5$

g) $(15{,}9\,l - 950\,\text{cm}^3) \cdot 12$

G 28

Welche der folgenden Aussagen sind wahr, welche falsch? Begründe.

a) Wenn ein Parallelogramm zwei gleich lange Diagonalen besitzt, dann ist es ein Rechteck.

b) Wenn ein Viereck zwei gleich lange Diagonalen besitzt, dann ist es ein Rechteck.

c) Wenn ein Viereck zwei Symmetrieachsen besitzt, dann ist es ein Rechteck.

G 29

Wie viel Prozent sind das?

a) 800 Mädchen bei 1550 Geburten

b) 100 € Jahreszins bei 400 € Guthaben

G 30

Alexander bietet seinem Freund Tim folgendes Würfelspiel mit einem Würfel an: Zeigt der Würfel eine gerade Augenzahl, so gewinnt Alexander einen Punkt, andernfalls gewinnt Tim einen Punkt.
Nach 20 Würfen hat Alexander 13 Punkte. Betrachtest du das Spiel als fair?
Begründe deine Antwort.

G 31

a) Kürze vollständig: $\frac{58 \cdot 84 \cdot 105}{145 \cdot 63 \cdot 32}$

b) Berechne vorteilhaft: $6{,}35 : 0{,}018 - 95 : 1{,}8$

c) Überschlage und berechne:
$0{,}002\,345 \cdot 63\,000 - 234{,}5 \cdot 0{,}59$

d) Zeige:
$16{,}16 : \frac{1}{0{,}625} - \frac{1}{2} \cdot \left[6\frac{3}{8} : \left(\frac{7}{8} - 0{,}25\right)\right] = 5$

G 32

Zeichne $P(0|-4)$, $Q(3|-1)$, $P'(6|-1)$, $Q'(3|-4)$. Konstruiere, wenn möglich, einen Punkt Z so, dass bei Spiegelung an Z die Strecken [PQ] und [P′Q′] zueinander punktsymmetrisch sind.

G 33

Wie groß sind die Winkel α und β in dem unten gezeichneten Dreieck, wenn

a) $\alpha = 2 \cdot \beta$,

b) $\beta = 5 \cdot \alpha$?

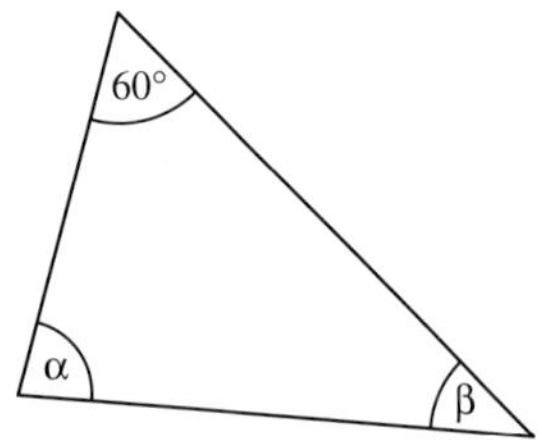

G 34

Zeichne einen 10 cm langen Balken und einen Kreis.
Veranschauliche nun $\frac{1}{4}$, $\frac{1}{3}$ bzw. 30 % eines Ganzen. Welche Vor- und Nachteile der beiden Diagrammtypen fallen dir hierbei auf? Begründe.

G 35

a) Gib einen Term zur Berechnung aller Zahlen an, die bei Division durch 5 den Rest 3 ergeben.

b) Welche Werte muss die Variable annehmen, damit die Zahlen aus Teilaufgabe a) gerade (ungerade) sind?

G 36

a) $[(-0{,}07) \cdot \frac{7}{10} : 0{,}1^2 + 0{,}3 \cdot (-2)^4] : (-0{,}01)$

b) $2{,}5 - 0{,}5 \cdot \left[-\left(\frac{1}{2}\right)^3 \cdot (-4) - \left(-\frac{1}{3}\right)\right] : 1\frac{1}{4} - 0{,}25$

G 37

Zwei parallele Geraden g und h haben den Abstand 4 cm. Welche Lage kann ein Kreis mit Radius 2 cm haben, dessen Mittelpunkt von g (von h; von g und h) den Abstand 2 cm hat? Zeichne.

G 38

Berechne aus dem Diagramm die Zeitanteile aus dem Alltag eines Schülers als Brüche und in Prozent.

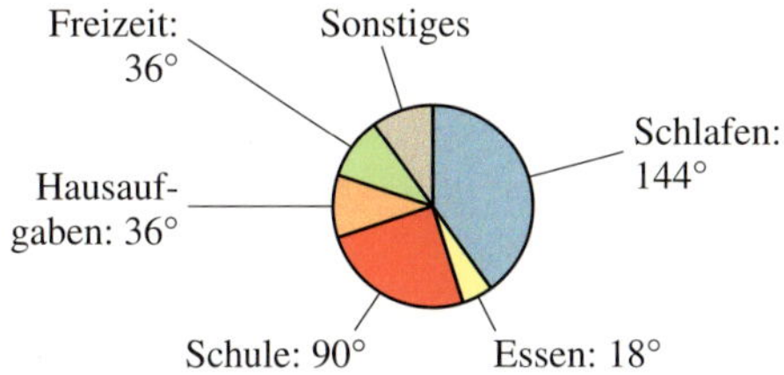

G 39

Addiere zum doppelten Produkt aus $\left(-\frac{2}{3}\right)$ und 2,25 die halbe Differenz aus 2,2 und $\left(-2\frac{4}{5}\right)$.

G 40

Berechne für einen Quader mit den Kantenlängen a, b, c und dem Volumen V die fehlende Kantenlänge und den Oberflächeninhalt.

a) $a = 20\,\text{cm}$; $b = 0{,}3\,\text{m}$; $V = 600\,\text{dm}^3$
b) $a = 36\,\text{cm}$; $c = 0{,}63\,\text{m}$; $V = 5{,}67\,l$
c) $a = 4{,}35\,\text{dm}$; $b = 0{,}05\,\text{m}$; $V = 0{,}87\,l$
d) $b = 50{,}8\,\text{dm}$; $c = 2{,}4\,\text{m}$; $V = 121{,}92\,\text{hl}$

G 41

Klaus ist um 18 % kleiner als sein Vater. Um wie viel Prozent ist sein Vater größer als er?

G 42

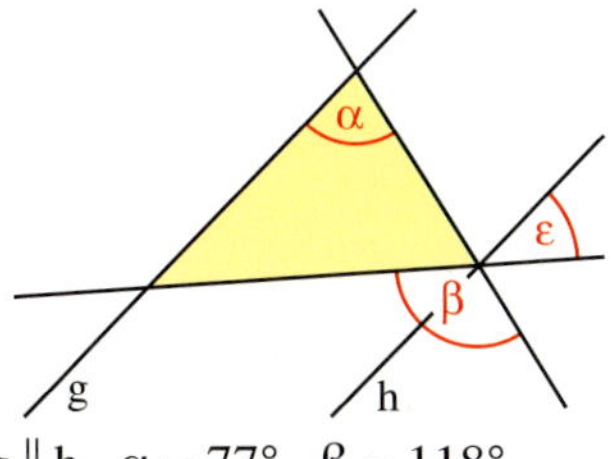

Es ist $g \parallel h$, $\alpha = 77°$, $\beta = 118°$.
Berechne ε. Begründe deine Schritte.
Bestimme den Flächeninhalt der gelben Fläche möglichst genau.

G 43

Fasse so weit wie möglich zusammen.

a) $2a^2 \cdot 3b + 3a^3b + 5bc^2 - a^2b - 2c \cdot 1{,}5bc$
b) $7{,}4 - 5{,}4 \cdot a^2 + a^2 \cdot 60\,\% + 2 \cdot (3a^2 - 4)$
c) $(2k - 3)(2 + k) - (k - 1) \cdot k$

G 44

Ein rechteckiges Grundstück hat einen Umfang von 200 m. Ein anderes rechteckiges Grundstück hat denselben Flächeninhalt, ist aber 20 m kürzer und 30 m breiter. Bestimme die Seitenlängen der Grundstücke.

G 45

Schätze und berechne den Mittelwert:
123 €; 88 €; 210 €; 62 €; 101 €; 77 €.

G 46

Wo ist der gelbe Anteil größer?

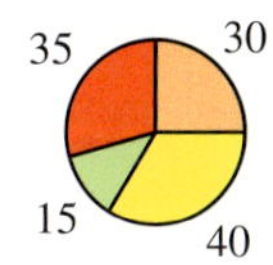

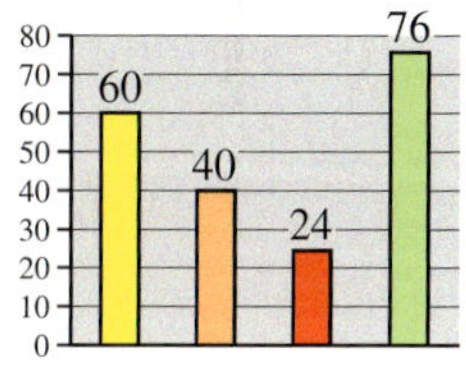

G 47

Erstelle Wertetabellen für
$x = -3;\ -2;\ -1;\ 0;\ 1;\ 2;\ 3;\ 4.$
Zeichne jeweils den zugehörigen Graphen.

a) $T(x) = \frac{3}{4}x + 1$ b) $T(x) = -x^2 + 4$

G 48

Frau Huber bezahlt 300 g Schinken zu 15 € pro kg. Wie viel von einer 25 % teureren Sorte erhält sie für das gleiche Geld?

G 49

In einem Trapez ABCD ist $AB \parallel CD$.
Berechne die Länge der Seite c, wenn
$A = 0{,}8\,\text{ha}$, $a = 125\,\text{m}$ und $h = 32\,\text{m}$.

G 50

a) Begründe: Ein gleichschenkliges Dreieck wird durch die Symmetrieachse in zwei kongruente Teildreiecke zerlegt.

b) Begründe: Ein Parallelogramm wird durch eine Diagonale in zwei kongruente Dreiecke geteilt.

c) Zeige an einem Gegenbeispiel, dass der folgende Satz falsch ist: Gleichschenklige Dreiecke, die in einer Seite und einem Winkel übereinstimmen, sind kongruent.

G 51

Die absolute Häufigkeit der Sonnentage in Nürnberg hat gegenüber dem letzten Jahr um 15 Tage zugenommen. Um wie viel Prozent ist die relative Häufigkeit der Sonnentage angewachsen?

G 52

Berechne: $\left(2\frac{1}{3}\cdot 0{,}5-\frac{1}{2}\right):(-0{,}\overline{3})+(-0{,}3)^2$.
Wie erhält man durch das Setzen einer weiteren Klammer einen Term, dessen Wert sofort im Kopf berechnet werden kann?

G 53

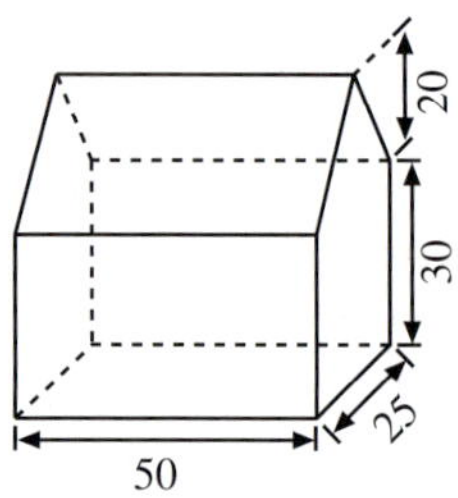

(Maße in mm)

Zeichne ein Netz des Körpers und berechne seinen Oberflächeninhalt. Bestimme außerdem das Volumen des Körpers.

G 54

Begründe: Verbindet man in einem gleichschenkligen Dreieck die Fußpunkte der Höhen auf die Schenkel miteinander, so ist diese Verbindungsstrecke parallel zur Basis.

G 55

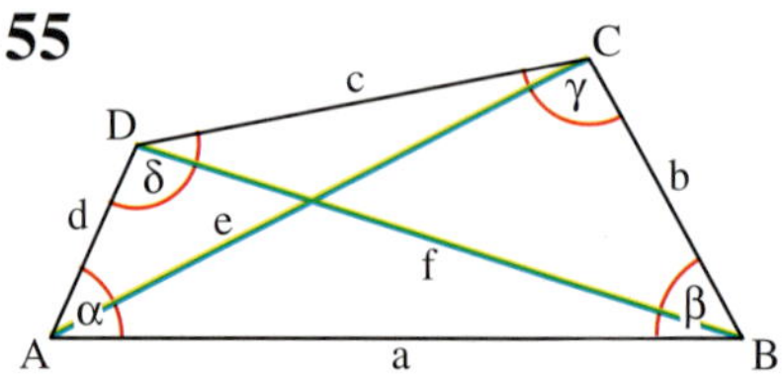

Berechne den bzw. die fehlenden Winkel für

a) $\alpha = 47°$; $\beta = 63°$; $\gamma = 115°$

b) $\gamma = 57\frac{1}{2}°$; $\alpha = 82{,}4°$; $\delta = 71\frac{2}{3}°$

c) $\beta = 107°$; $\delta = 85°$; $\alpha = \gamma$

d) $\alpha = 95°$; $\beta = 2\gamma$; $\delta = \alpha + 20°$

e) $\alpha = 2\beta$; $\gamma = 2\alpha$; $\delta = 5\beta$

G 56

Berechne:

a) $\dfrac{2-0{,}4:\frac{1}{5}}{\frac{3}{7}\cdot\left(-2\frac{1}{3}\right)-1}$

b) $-3^2\cdot\left[5-0{,}75\cdot\left(-\frac{4}{3}\right)\right]$

G 57

Zeichne eine 5 cm lange Strecke [AB]. Konstruiere einen Kreis mit dem Mittelpunkt M und dem Radius 4 cm, der durch die Punkte A und B geht.
Wie kann man diejenigen Punkte des Kreises finden, die von M und A gleich weit entfernt sind?

G 58

„In den ersten beiden Heimspielen haben wir unseren geplanten Zuschauerschnitt zwar einmal um 8 % unterschritten, dann aber um 23 % übertroffen“, sagt der Kassier des Vereins. „Wenn zum dritten Spiel 2890 Zuschauer kommen, liegen wir genau bei dem geplanten Durchschnitt.“ Mit wie vielen Zuschauern pro Spiel wurde geplant?

G 59

Setze ohne zu rechnen ein Zeichen (<, >, =) richtig ein. Begründe deine Entscheidung.

a) $(-4)^2 + 3^4 \;\square\; -4^2 + 3^4$

b) $|3-9| \;\square\; |9-3|$

c) $(-13):(-15) \;\square\; 13:15-(-4)$

G 60

Gib die Art des Terms an und seinen Wert.

$\left[\left(-\frac{4}{7}\right)\cdot 1{,}4-0{,}84\cdot\frac{1}{3}\right]\cdot\left[\left(-\frac{5}{2}\right)+2{,}5\right]\cdot\left(2{,}7\cdot\frac{1}{8}-3{,}3\right)$

G 61

Konstruiere ein gleichschenkliges, rechtwinkliges Dreieck mit der Basislänge 5 cm (6,5 cm).

G 62

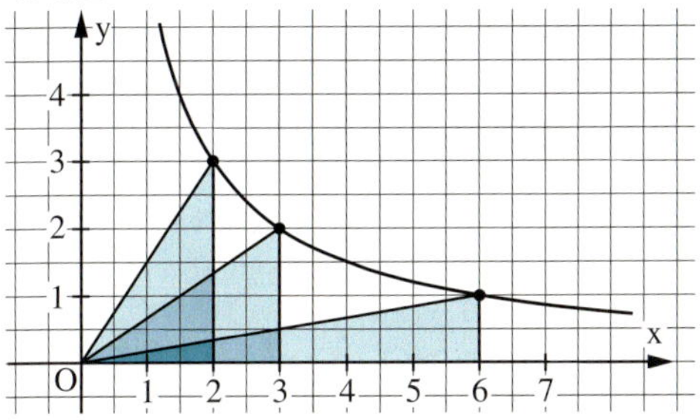

Der x-Koordinate entspricht die eine, der y-Koordinate die andere Kathete eines rechtwinkligen Dreiecks.
Interpretiere den dargestellten Graphen.
Zeichne für Dreiecke mit dem Flächeninhalt $4\,\text{cm}^2$ ($1\,\text{cm}^2$; $2\,\text{cm}^2$; $5\,\text{cm}^2$) den Graphen der Funktion $x \mapsto y$.
Welcher Art ist die Zuordnung $x \mapsto y$?

G 63

Beim Werfen einer Münze beträgt die Wahrscheinlichkeit für „Zahl" 50 %.
Erkläre, was diese Aussage bedeutet.

G 64

Welchen Anteil an der Fläche des Quadrates hat die grüne Fläche?

G 65

Konstruiere ein Parallelogramm ABCD aus $\overline{AD} = 3$ cm; $\overline{AB} = 5$ cm; $\sphericalangle$ ADB = 90°.

G 66

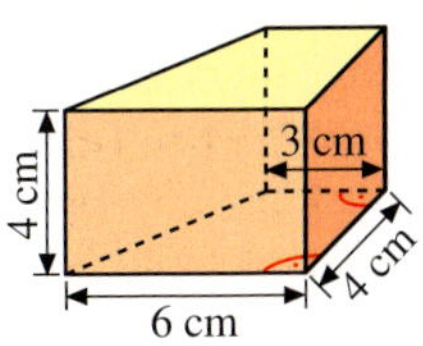

a) Skizziere ein Netz des Körpers.
b) Zeichne das Schrägbild des Körpers so, dass die Fläche mit dem drittgrößten Flächeninhalt nach vorne weist.
c) Berechne das Volumen des Körpers.

G 67

Löse die folgenden Ungleichungen.
a) $12a + 5 - 4{,}5a < 0{,}5 \cdot 8 + 3a$
b) $-(c - 3) \leqq 3(-1 - 3c)$
c) $\frac{2}{5}(5f - 1) + \frac{1}{3}(6 - 3f) \leqq \frac{1}{2}(f - 4)$

G 68

a) $\left(-\frac{3}{7}\right) \cdot 0{,}97 \cdot \frac{7}{3} \cdot \frac{1}{2}$ b) $0{,}5 - \frac{5}{9} + 1{,}25 - 1\frac{4}{9}$
c) $\frac{2}{9} \cdot 0{,}48 - 0{,}39 \cdot \frac{2}{9}$ d) $(0{,}5)^2 : \frac{1}{4} - \frac{1}{3} \cdot \left(-\frac{1}{2}\right)$

G 69

Zeichne zwei parallele Geraden g und h im Abstand von 6 cm und eine dritte Gerade k, die die Parallelen schneidet.
Konstruiere die Punkte, die von den drei Geraden denselben Abstand haben.

G 70

Welchen Wert muss x annehmen?
$\left[-\left(\frac{1}{2}\right)^3 - 0{,}375\right] \cdot [0{,}\overline{6} \cdot (-0{,}5) - 1] - x = 0$

G 71

Berechne β, γ_1 und γ_2.

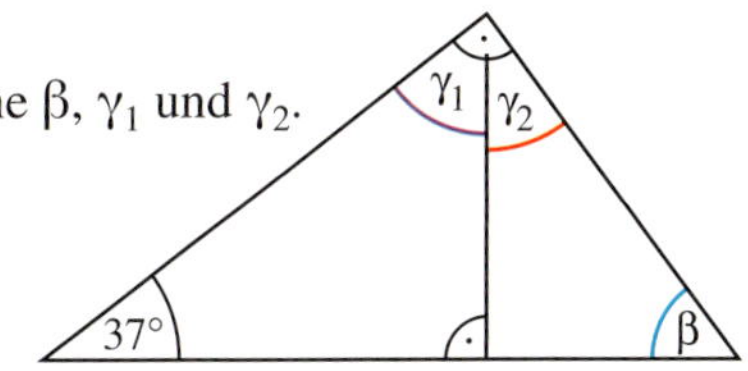

G 72

Jede Gerade veranschaulicht die Lösungen einer linearen Gleichung mit zwei Variablen.
a) Wie lauten die Gleichungen?
b) Bestimme rechnerisch die Koordinaten der Schnittpunkte von g und k, g und h sowie g und f.

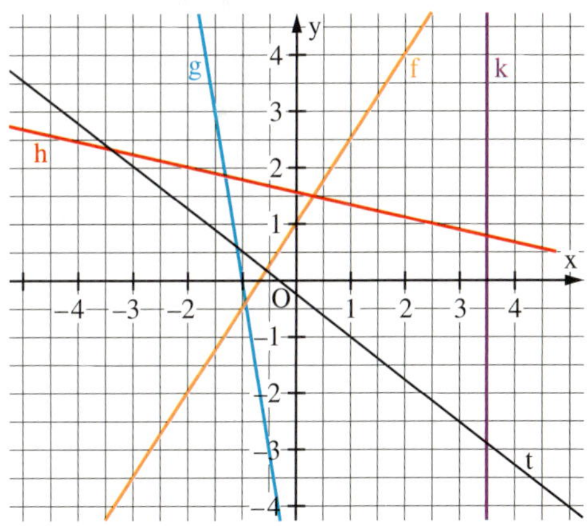

G 73

Zeichne einen Kreis k und eine Gerade g. Konstruiere die Tangenten an k, die zu g senkrecht sind.

G 74

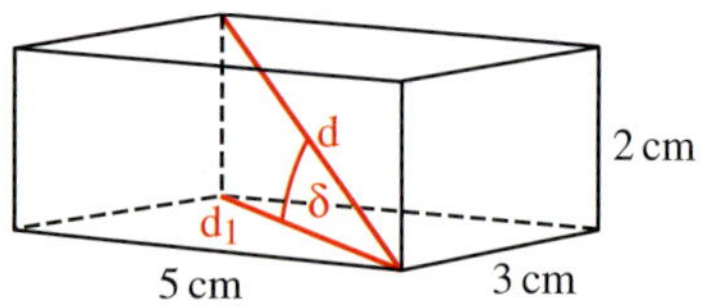

Bestimme das Volumen des Quaders. Ermittle zeichnerisch auch die Längen seiner Diagonalen d_1 und d und die Größe von δ.

G 75

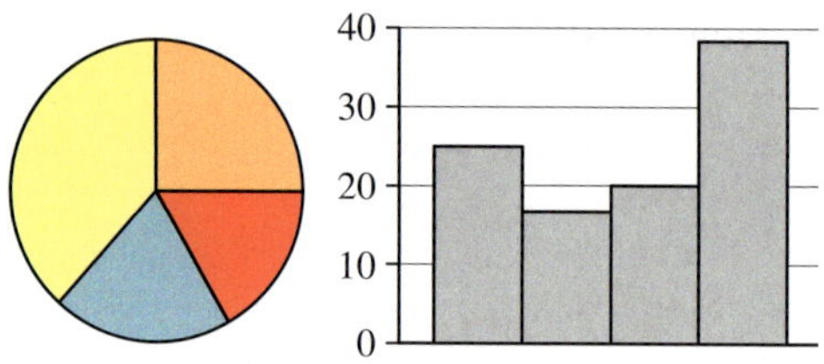

Die beiden Diagramme sollen die Anteile des gleichen Sachverhalts zeigen. Sagen sie wirklich das Gleiche aus?

G 76

Löse die Gleichungen:

a) $\frac{4}{5}(2x - 3) = 1{,}3x - \frac{3 - 2x}{4}$

b) $x(3 + 2x) = 0$

G 77

Die Halbgeraden w_1 und w_2 sind die Winkelhalbierenden von α und β. Der Winkel γ ist so gewählt, dass er von der Geraden g halbiert wird.

a) Übertrage die Figur für α = 40° ins Heft. (Die Punkte A und B sind von S beliebig weit entfernt.)

b) Bei welchem Winkel α liegen die Punkte A, S und B auf einer Geraden?

c) Wie muss α gewählt werden, damit B und S mit w_1 eine Gerade bilden? Begründe!

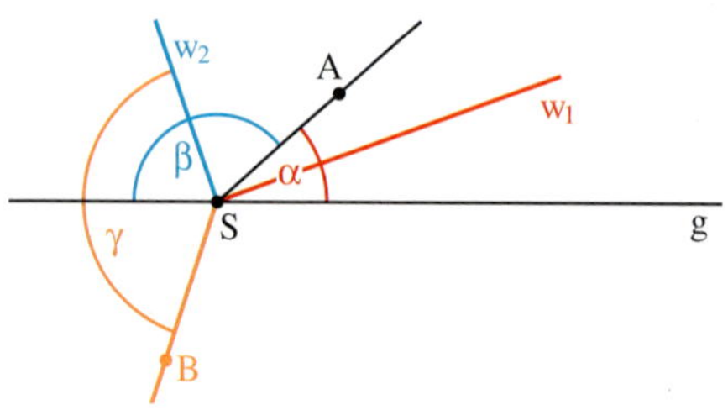

G 78

Wie viele Teiler hat die Zahl 1 000?

G 79

Begründe: Im Kreis gehören zu gleichen Sehnen gleiche Mittelpunktswinkel.

G 80

Berechne Flächeninhalt und Umfang des Kreises mit dem Radius r (Durchmesser d) und gib die Ergebnisse in cm^2 bzw. cm an.

a) r = 2,5 cm b) d = 4 dm c) $d = 16\frac{3}{4}$ mm

d) r = 0,03 km e) r = 1,23 m

f) $d = 2{,}25 \cdot 10^2$ mm

G 81

In einem rechtwinkligen Dreieck ist die Kathete a doppelt so lang wie die Kathete b. Verkürzt man a um 4 cm und verlängert b um 3 cm, so nimmt der Flächeninhalt um 5 cm^2 zu. Berechne den Flächeninhalt des ursprünglichen Dreiecks.

G 82

Konstruiere ein Dreieck ABC aus c, h_c und dem Umkreisradius r.

a) Fertige einen Konstruktionsplan.

b) Was für ein besonderes Dreieck erhält man im Falle c = 2r?

c) Wie hängt die Zahl der Lösungen von der Größe h_c ab? Erläutere.

G 83

a) Die rote Linie ist das (vereinfachte) Bild, das ein Flugschreiber bei einem Flug von Köln nach München (530 km) aufgezeichnet hat. Warum ist die Linie nicht gerade?

b) Die blaue gerade Linie wurde nachträglich eingezeichnet. Welche Auskunft gibt sie?

c) Um wie viel Prozent müsste die durchschnittliche Geschwindigkeit erhöht werden, um 25 Minuten früher in München zu sein?

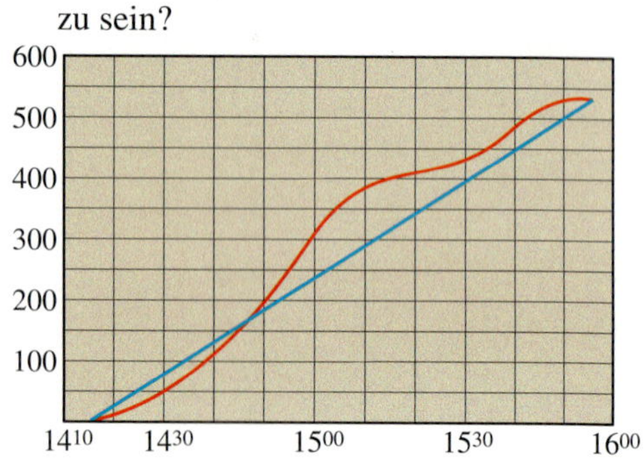

G 84
„Jedes gleichseitige Dreieck hat zwei gleich große Winkel.“
Formuliere den Kehrsatz in der Wenn-dann-Form und entscheide, ob er richtig ist. Begründe deine Antwort.

G 85
a) 2,5 ha – 450 m^2 b) 78 hl – 3 m^3
c) 480 mm^3 + 1,3 cm^3 d) 1 *l* – 1 cm^3
e) 6500 *l* – 3,2 m^3 f) 1000 cm^2 – 10 mm^2

G 86
Die 11 Spieler einer Fußballmannschaft stellen sich in zufälliger Reihenfolge für ein Foto nebeneinander auf.
a) Wie viele verschiedene Möglichkeiten gibt es?
b) Wie viele verschiedene Möglichkeiten gibt es, wenn der Torwart in der Mitte stehen soll?
c) Mit welcher Wahrscheinlichkeit steht der Torwart zufällig in der Mitte?

G 87
Berechne.
$\left(1 - \frac{1}{2}\right) \cdot \left(1 - \frac{1}{3}\right) \cdot \left(1 - \frac{1}{4}\right) \cdot \ldots \cdot \left(1 - \frac{1}{n}\right)$

G 88
Gib einen Gitterpunkt A (Punkt mit ganzzahligen Koordinaten) auf der Geraden $g\colon y = \frac{4}{3}x - \frac{11}{3}$ an und zeichne die Gerade mit Hilfe eines Steigungsdreiecks in ein Koordinatensystem.

G 89
Eine zweistellige Zahl übertrifft ihre Quersumme und ihre Zehnerziffer um je 54. Wie lautet die Zahl?

G 90
Die durchschnittliche Jahrestemperatur betrug 18 °C. Wie hoch war die durchschnittliche Temperatur im dritten Quartal?

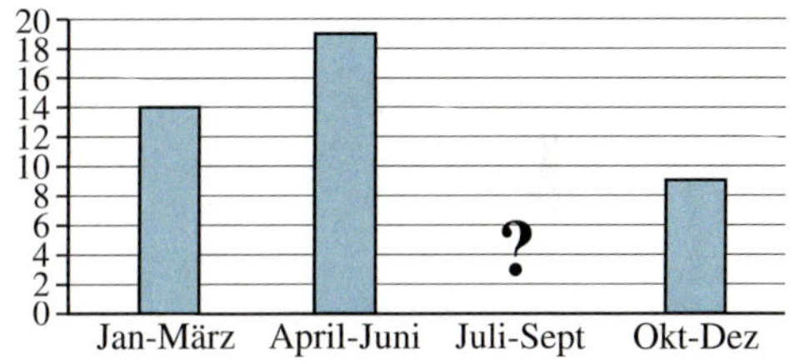

Lösungen zu den G-Aufgaben

1

Die Punkte P und Q sind von A und B genau 4 cm entfernt.
Alle Punkte, die außerhalb des Kreises k(A;4 cm) und zugleich außerhalb des Kreises k(B;4 cm) liegen, sind von A und B mehr als 4 cm entfernt (gefärbter Bereich).

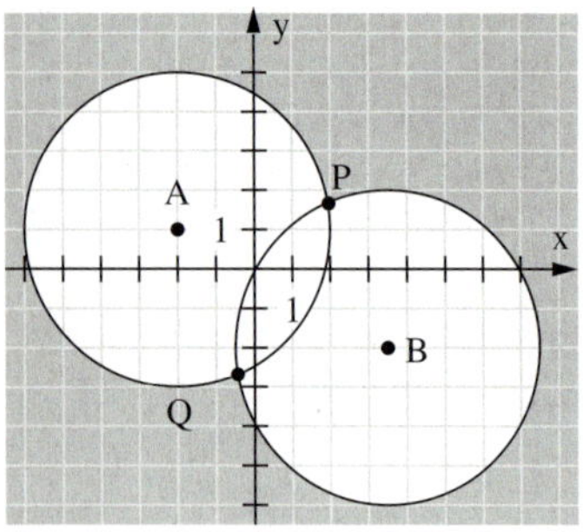

2

$12^2 - 12\cdot(-3) + 4\cdot[(-34) + 34]$
$= 144 + 36 + 4\cdot 0 = 180$

3

a) $A = 470\,\text{mm}^2$; $U = 168\,\text{mm}$
b) $A = 507{,}5\,\text{mm}^2$
Die fehlenden Längenangaben zur Berechnung des Umfangs sind einer maßstabsgetreuen Zeichnung zu entnehmen.
$U \approx 99\,\text{mm}$

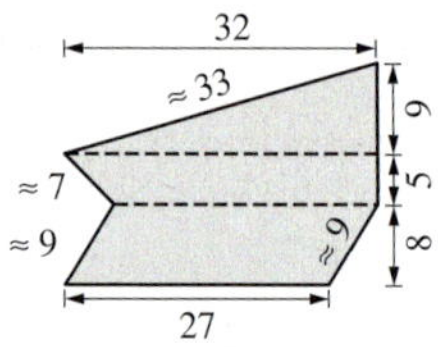

4

$\frac{2}{3}\cdot\frac{2}{3} - 0{,}4\cdot\frac{3}{4} = \frac{4}{9} - \frac{3}{10} = \frac{40-27}{90} = \frac{13}{90}$

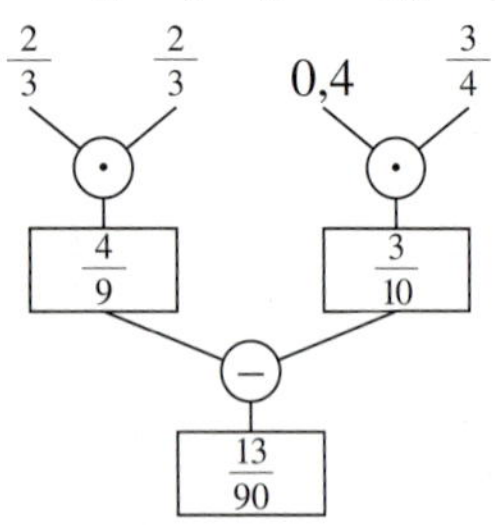

5

a) $2^6\cdot 5$ b) $2^4\cdot 3^2\cdot 5$
c) $2^2\cdot 3\cdot 5$ d) 97
e) $2^5\cdot 3\cdot 5^2$ f) $2^2\cdot 3^2\cdot 5$
g) 2^8 h) $2^6\cdot 3^2$
i) $2^9\cdot 5^2$ k) $2^5\cdot 5^6$

6

Die Teilflächen berechnen und addieren. Die Grund- und Deckfläche dazu in Dreiecke und Rechtecke zerlegen.

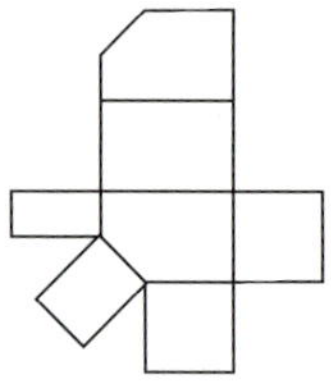

z. B. 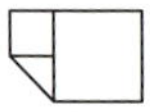 Zerlegung der Grundfläche

7

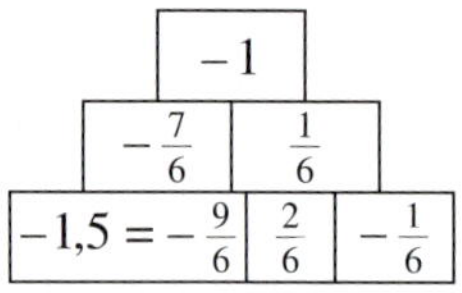

8

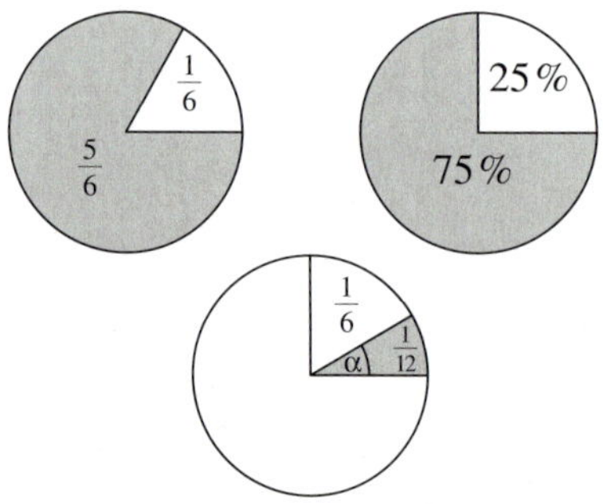

$\frac{5}{6} - \frac{3}{4} = \frac{10}{12} - \frac{9}{12} = \frac{1}{12}$; $\alpha = 360° : 12 = 30°$

9

T Thomas
J Jan
H Heiko
$3\cdot 2 = 6$ Möglichkeiten

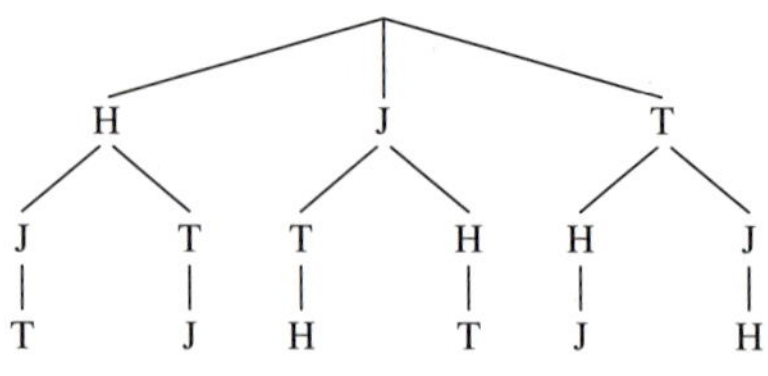

10

Man kann entweder den Prozentsatz oder den Grundwert verdoppeln.

11

a) $V = 8{,}3055\,\text{cm}^3$
b) $V = 3{,}768\,\text{cm}^3$

12

1. Kreis mit r = 4 cm
2. Sehne der Länge 3 cm antragen
3. auf dieser Gerade in den Endpunkten Lote errichten
4. letzte Seite ergänzen

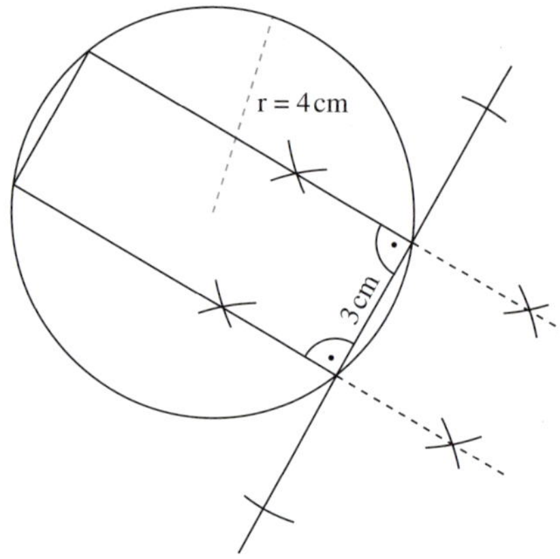

13

5,06
Für $\frac{2}{3}$ statt 0,6 wird der Termwert kleiner: 5,055555 (gerundet 5,06).

14

Term 1, 2 und 4 haben den gleichen Wert (−64), Term 3 nicht (64).

15

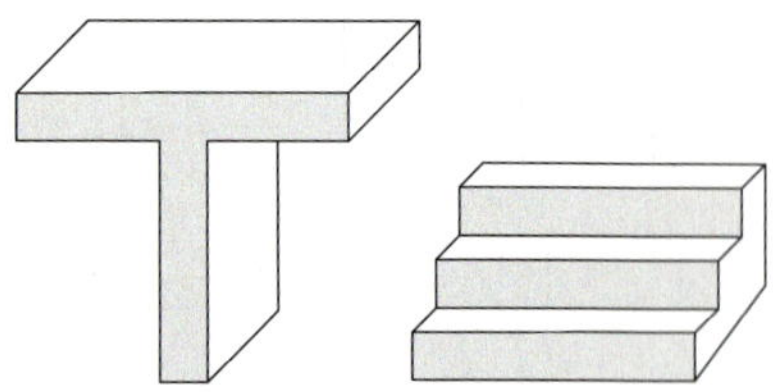

16

Ja, dies ist möglich, zum Beispiel mit:
$\frac{5}{9} = \frac{10}{18} < \frac{11}{18} < \frac{12}{18} < \frac{13}{18} < \frac{14}{18} < 1$

17

a) $40\cdot 40 = 1600$
b) $100\cdot 78 + 53\cdot 100 = 13\,100$
c) $34\cdot(23 + 23 + 32) = 34\cdot 78 = 2652$
d) $12\cdot(11 - 17 + 9 - 13) = 12\cdot(-10)$
$= -120$
e) $-13 - \frac{7}{3} = -15\frac{1}{3}$

18

$\varepsilon = 55°$ (w_1 halbiert 130° (Stufen-/Nebenwinkel); w_2 halbiert 120° (Nebenwinkel))

19

a) 30,4 %
b) um 29,3 % gesenkt
c) 12,8 %

20

(1) $\alpha = 66°$; $\beta = 66°$; $\gamma = 48°$
(2) $\alpha = 55°$; $\beta = 55°$; $\gamma = 70°$
(3) $\alpha = 72°$; $\beta = 72°$; $\gamma = 36°$
(4) $\alpha = 36°$; $\beta = 36°$; $\gamma = 108°$

21

$a = -1\frac{1}{2}$

	$-1\frac{1}{12}$		
	$-2\frac{1}{12}$	1	
$-2\frac{1}{6}$	$\frac{1}{12}$	$\frac{11}{12}$	
$\mathbf{-1\frac{1}{2}}$	$-\frac{2}{3}$	0,75	$\frac{1}{6}$

22

a) Überschlag 80; Ergebnis 80,319
b) 250; 250,91
c) 11; 10,65
d) 0; $-1\frac{2}{15}$
e) 3; 3,0125

23

a) Der Körper ist ein Prisma.
b)

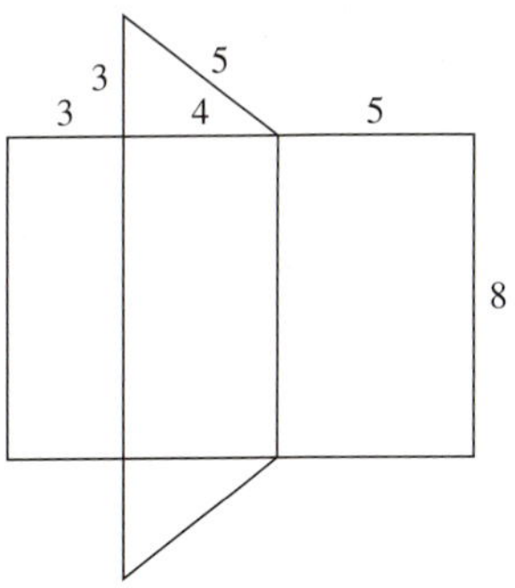

c)

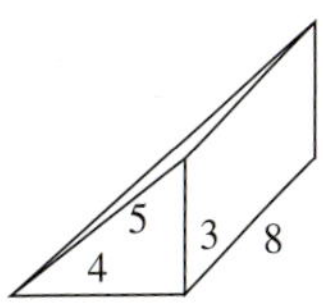

Oberfläche
$A = (8 \cdot 3 + 8 \cdot 4 + 8 \cdot 5 + 2\frac{1}{2} \cdot 3 \cdot 4)\,\text{cm}^2$
$= 108\,\text{cm}^2$

d) $V = G \cdot H = \frac{1}{2} \cdot g \cdot h \cdot H$
$= \frac{1}{2} \cdot 4\,\text{cm} \cdot 3\,\text{cm} \cdot 8\,\text{cm} = 48\,\text{cm}^3$

24

a)

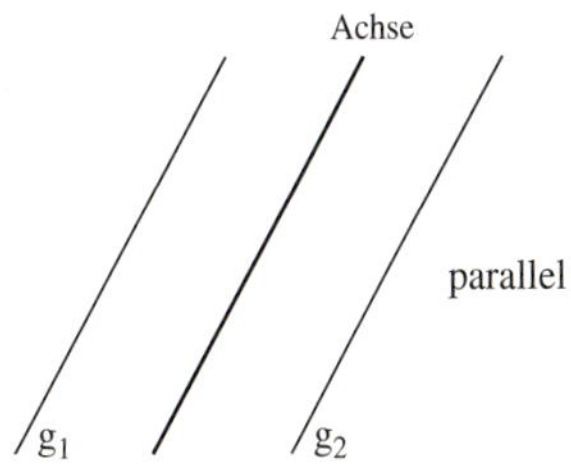

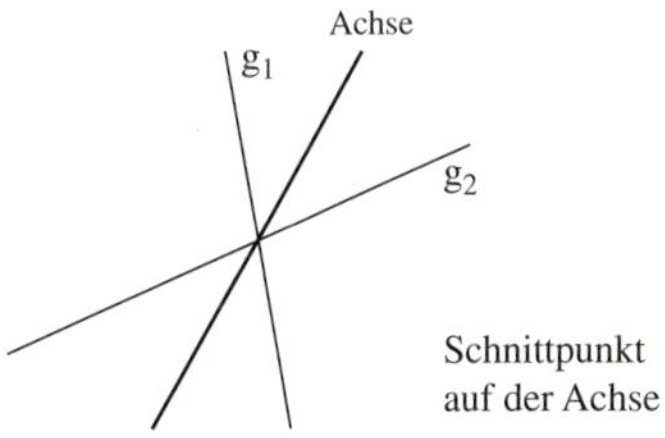

b)

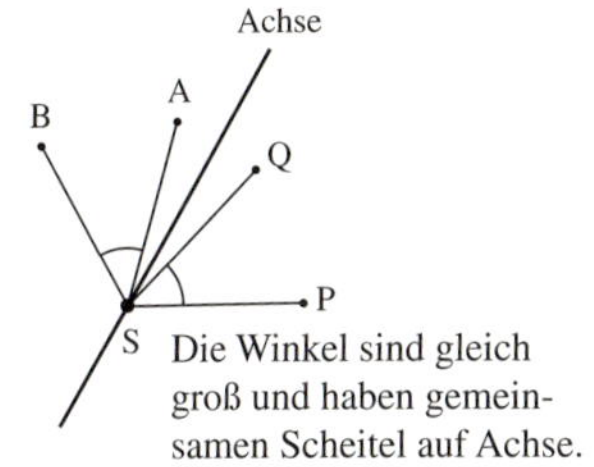

25

a) Leo hat sechs Möglichkeiten
$(1 \cdot 1 \cdot 54)$, $(1 \cdot 2 \cdot 27)$, $(1 \cdot 3 \cdot 18)$, $(1 \cdot 6 \cdot 9)$, $(2 \cdot 3 \cdot 9)$, $(3 \cdot 3 \cdot 6)$

z. B.:

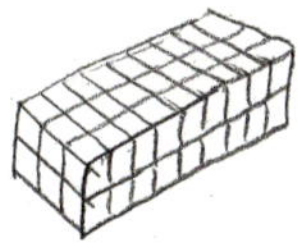

b) Man erhält immer dasselbe Volumen:
$54 \cdot (2\,\text{cm})^3 = 432\,\text{cm}^3$

26

Das richtige Ergebnis lautet –1,95. Der Fehler liegt wahrscheinlich in der ersten Klammer: „Punkt vor Strich" wurde missachtet und zuerst 0,8 und –2,8 zu –2 zusammengefasst.

27

a) $0{,}91\,\text{m}^2$
b) $1{,}099\,\text{m}^3$
c) $13{,}4429\,\text{m}^3$
d) $0{,}19748\,\text{km}^2$
e) $3\,\text{m}^3$
f) 1,526 ha
g) $179{,}4\,\text{dm}^3$

28

a) Richtig (Symmetrie)
b) Falsch, es könnte dann auch ein Trapez sein.
c) Falsch, es könnte dann auch eine Raute sein.

29

a) 51,6 %
b) 25 %

30

Es ist ein faires Spiel, da beide die gleiche Chance haben. Alexander hatte nur Glück.

31

a) 1,75
b) 300
c) 9,38
d) Nachweis durch Termvereinfachung

32

Z existiert bei $(3 \mid -2{,}5)$.

33

a) $\alpha = 80°$ $\beta = 40°$
b) $\alpha = 20°$ $\beta = 100°$

34

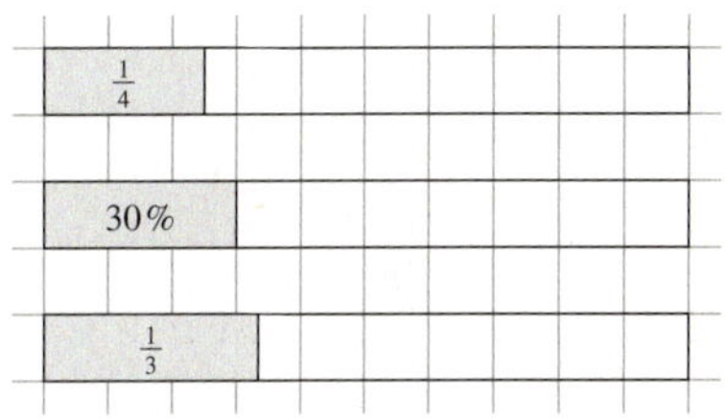

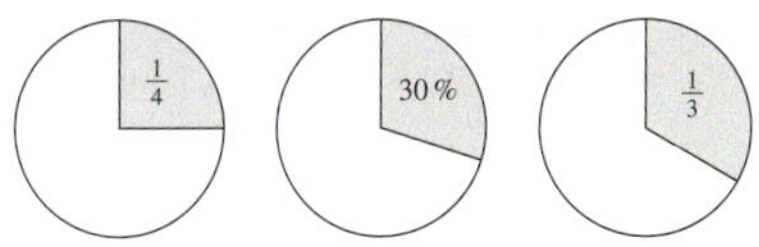

Beim 10 cm langen Balkendiagramm lassen sich $\frac{1}{4}$ (= 25 mm) und 30 % besonders leicht darstellen; nicht jedoch $\frac{1}{3}$. Anders wäre dies bei einem z. B. 30 cm langen Balkendiagramm.
Im Kreisdiagramm lassen sich $\frac{1}{4}$ und $\frac{1}{3}$ leicht darstellen (90° und 120°).
Beim Balkendiagramm lassen sich die Werte leicht vergleichen. Beim Kreisdiagramm lässt sich bei manchen Werten besonders gut der Anteil am Ganzen herauslesen, z. B. bei $\frac{1}{4}$ und $\frac{1}{2}$.

35
a) $x \cdot 5 + 3$
b) Ist die Variable ungerade, ergibt sich eine gerade Zahl, ist sie gerade, ergibt sich eine ungerade Zahl.

36
a) 10 b) $\frac{23}{12}$

37
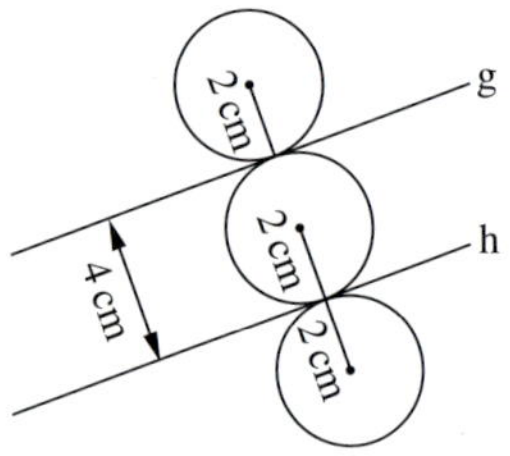

Hat der Mittelpunkt von g den Abstand 2 cm, dann berührt er g.
Hat er von h den Abstand 2 cm, dann berührt er h.
Hat er von beiden den Abstand 2 cm, dann berührt er beide.

38
Freizeit: 36°; 10 %; $\frac{1}{10}$; Hausaufgaben: 36°; 10 %; $\frac{1}{10}$; Schule: 90°; 25 %; $\frac{1}{4}$; Essen: 18°; 5 %; $\frac{1}{20}$; Schlafen: 144°; 40 %; $\frac{2}{5}$; Sonstiges: 36°; 10 %; $\frac{1}{10}$

39
$-\frac{1}{2}$

40
a) $c = 100\,dm$; $O = 1012\,dm^2$
b) $b = 0{,}25\,dm$; $O = 50{,}31\,dm^2$
c) $c = 0{,}4\,dm$; $O = 8{,}23\,dm^2$;
d) $a = 10\,dm$; $O = 3934{,}4\,dm^2$

41
Der Vater ist etwa 22 % größer als Klaus.

42
$\beta = \alpha + \varepsilon$ (α ist Stufenwinkel zum größeren Teil des durch h geteilten Winkels β, ε ist Scheitelwinkel zum kleineren Teil.) Also $\varepsilon = \beta - \alpha = 41°$.
Aus der Zeichnung im Schülerbuch kann man eine Seite und die zugehörige Höhe entnehmen.
$A \approx 2{,}2\,cm \cdot 1{,}35\,cm = 2{,}97\,cm^2 \approx 3\,cm^2$
oder $A \approx 2\,cm \cdot 1{,}5\,cm = 3\,cm^2$

43
a) $3a^3b + 5a^2b + 2bc^2$
b) $1{,}2a^2 - 0{,}6$
c) $k^2 + 2k - 6$

44
Rechteck 1: $U_1 = 200\,m$, Seiten a_1 und $b_1 = (200\,m - 2a_1) : 2 = 100\,m - a_1$
Rechteck 2: $a_2 = a_1 - 20\,m$;
$b_2 = b_1 + 30\,m = 100\,m - a_1 + 30\,m = 130\,m - a_1$
Es soll gelten: $A_1 = A_2$; d.h.
$a_1 \cdot (100\,m - a_1) = (a_1 - 20\,m) \cdot (130\,m - a_1)$.
Daraus ergibt sich: $a_1 = 52\,m$, $b_1 = 48\,m$; $a_2 = 32\,m$, $b_2 = 78\,m$.

45
Schätzung: etwa $\frac{660\,€}{6} = 110\,€$;
Rechnung: ca. 110,17 €

46
Der gelbe Anteil ist im linken Diagramm größer. $\frac{40}{120} = \frac{1}{3}$ (etwa 33 %) bzw. $\frac{60}{200} = \frac{3}{10} = 30\,\%$

47

x	−3	−2	−1	0
a) T(x)	$-1\frac{1}{4}$	$-\frac{1}{2}$	$\frac{1}{4}$	1
b) T(x)	−5	0	3	4

x	1	2	3	4
a) T(x)	$1\frac{3}{4}$	$2\frac{1}{2}$	$3\frac{1}{4}$	4
b) T(x)	3	0	−5	−12

a)
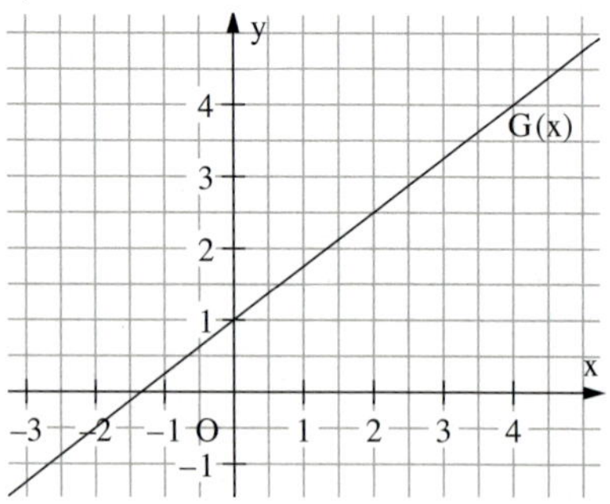

b)
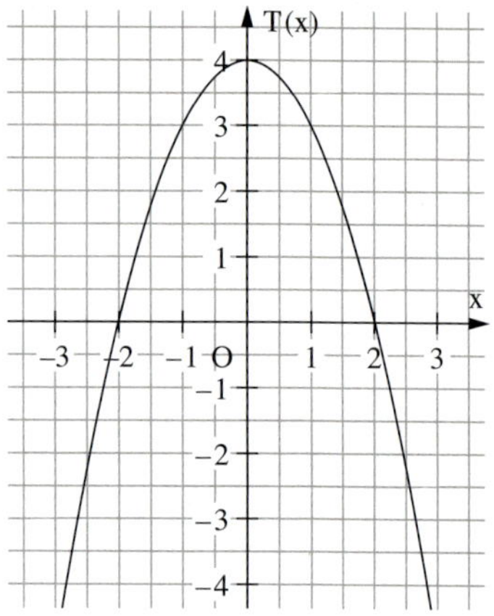

48
300 g Schinken kosten
$0{,}3\,kg \cdot \frac{15\,€}{kg} = 4{,}50\,€$.
Kilopreis der teureren Sorte:
$15\,€ \cdot 1{,}25 = 18{,}75\,€$
Menge Schinken der teureren Sorte für 4,50 €: $\frac{4{,}50\,€}{18{,}75\,\frac{€}{kg}} = 0{,}24\,kg$

Frau Huber würde 240 g teureren Schinken erhalten.

49
$A = \frac{a + c}{2} \cdot h$; $8000\,m^2 = \frac{125\,m + c}{2} \cdot 32\,m$
$\Rightarrow c = 375\,m$

50
a)
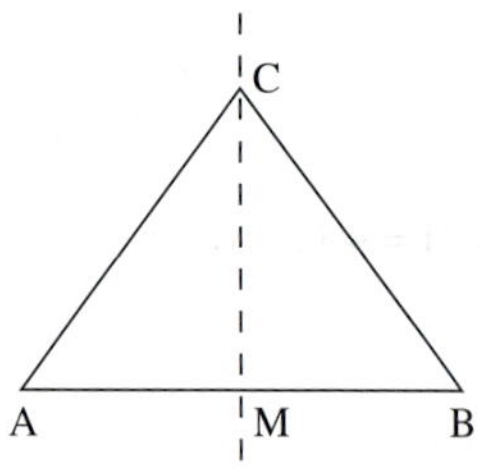

$\Delta AMC \cong \Delta MBC$
da (1) $\overline{AC} = \overline{CB}$ } gleichschenkliges
(2) $\sphericalangle MAC = \sphericalangle CBM$ } Dreieck
(3) $\overline{AM} = \overline{MB}$ Symmetrieeigenschaft
(SWS-Satz)

b)

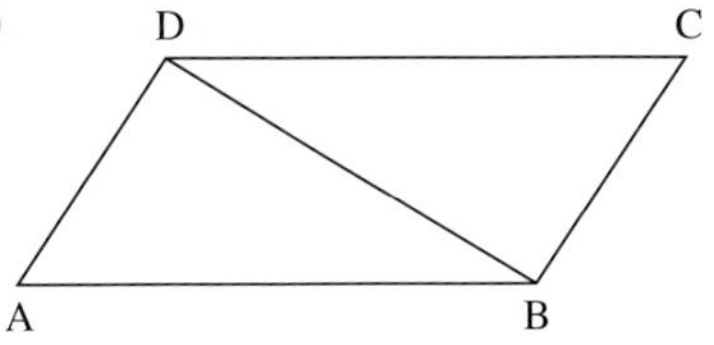

$\Delta ABD \cong \Delta BCD$
da (1) $\overline{AB} = \overline{CD}$ } Parallelo-
(2) $\overline{AD} = \overline{BC}$ } gramm
(3) $\overline{BD} = \overline{BD}$
(SSS-Satz)

c)

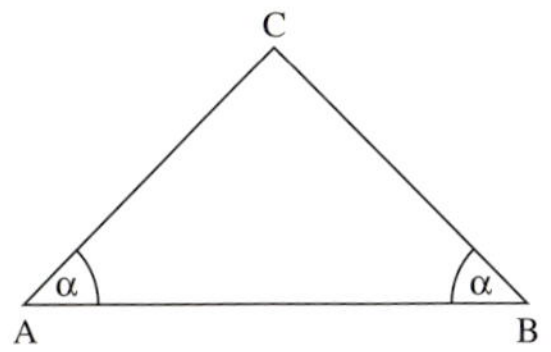

$\overline{AB} = \overline{A'C'}$

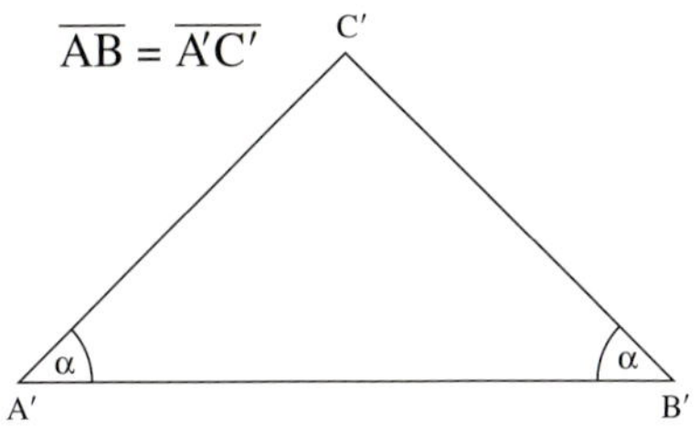

51

Um die Frage beantworten zu können, müsste der Grundwert, nämlich die relative Häufigkeit der Sonnentage im vergangenen Jahr bekannt sein.
(Lediglich die Frage, um wie viele Prozent**punkte** die relative Häufigkeit der Sonnentage angewachsen ist, wäre beantwortbar:
$\frac{15\,d}{365\,d} = 0{,}041 =$ **4,1** Prozentpunkte.)

52

$-1{,}91$; weiterer Term:

$$\underbrace{\left(2\frac{1}{3}\cdot\underbrace{\left(0{,}5-\frac{1}{2}\right)}_{=0}\right)}_{=0} : (-0{,}\overline{3}) + (-0{,}3)^2 = 0{,}09$$

53

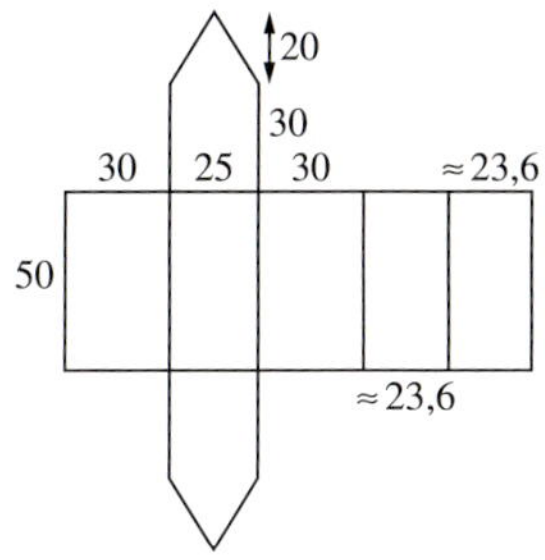

$A \approx 8610\,mm^2 \approx 86\,cm^2$

$V = 50\cdot 25\cdot 30\,mm^3 + \frac{1}{2}\cdot(50\cdot 25\cdot 20\,mm^3)$
$= 37\,500\,mm^3 + 12\,500\,mm^3$
$= 50\,000\,mm^3$
$= 50\,cm^3$

54

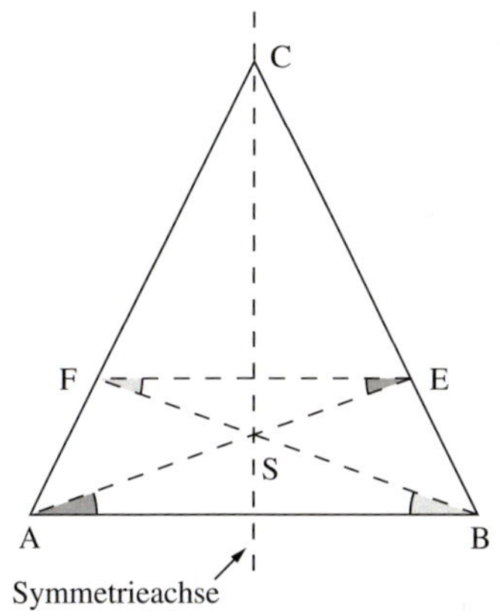

Im gleichschenkligen Dreieck ist die Mittelsenkrechte der Basis Symmetrieachse. Daher gilt:
Die Höhe [AE] ist symmetrisch zur Höhe [BF] und somit der Punkt E symmetrisch zum Punkt F. Die Verbindungsstrecke [EF] steht also senkrecht auf der Symmetrieachse und ist damit parallel zu [AB].
$\sphericalangle BAE = \sphericalangle FBA$ und $\sphericalangle BFE = \sphericalangle FEA$.
Die Winkel $\sphericalangle ASB$ und $\sphericalangle ESF$ sind Scheitelwinkel und daher gleich groß.
$\Rightarrow \sphericalangle BAE = \sphericalangle FBA = \sphericalangle BFE = \sphericalangle FEA$,
d. h. die Z-Winkeleigenschaft ist erfüllt (vgl. Zeichnung); da diese nur an parallelen Geraden gilt, folgt: $AB \parallel EF$.

55

a) $\delta = 135°$
b) $\beta = 148\frac{13}{30}°$
c) $\alpha = \gamma = 84°$
d) $\delta = 115°, \beta = 100°, \gamma = 50°$
e) $\alpha = 60°, \beta = 30°, \gamma = 120°, \delta = 150°$

56

a) 0 b) -54

57

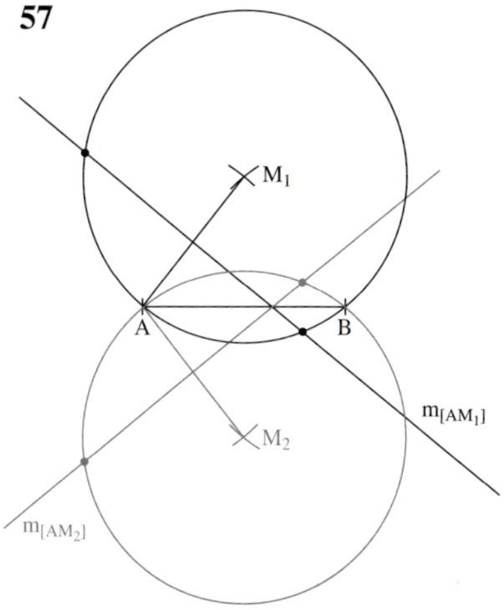

Wie die Konstruktion zeigt, gibt es zwei Kreise (mit den Mittelpunkten M_1 und M_2), die die Bedingungen erfüllen.
Die Punkte der Kreislinie, die von M und A gleich weit entfernt sind, liegen auf der Mittelsenkrechten von [AM].

58

$\left(\frac{92}{100}x + \frac{123}{100}x + 2890\right) : 3 = x$
$\frac{215}{100}x : 3 + 2890 : 3 = x$
$-\frac{85}{300}x = -\frac{2890}{3}$
$x = 3400$

Es wurde mit 3400 Zuschauern pro Spiel geplant.

59

a) > Begründung:
(1) 3^4 steht in beiden Termen, kann daher unbeachtet bleiben
(2) $(-4)^2 > 0$ positive Zahl und $-4^2 < 0$ negative Zahl

b) = Begründung:
(1) $|a - b| = |b - a|$

c) < Begründung:
(1) $(-13) : (-15) = 13 : 15$
(2) Da im rechten Term 4 addiert wird, liefert dieser den höheren Wert.

60

Der Term ist ein Produkt. Der Wert des Produktes ist 0, da der zweite Faktor null ist.

61

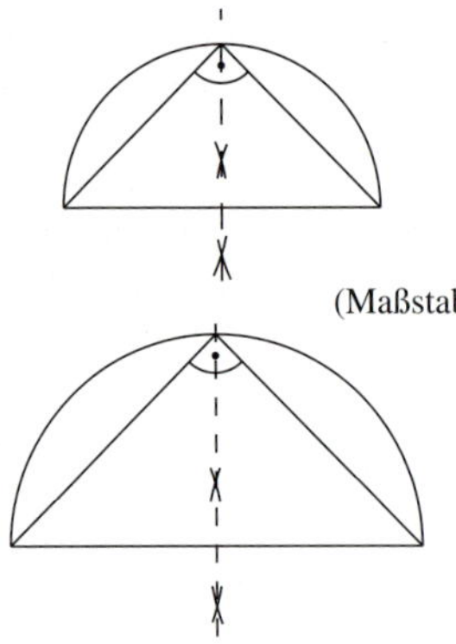

(Maßstab 1 : 2)

Konstruktionen erfolgen mithilfe des Thaleskreises.

62

Auf der Abbildung ist der Graph für rechtwinklige Dreiecke mit dem Flächeninhalt 3 cm² gezeichnet.
Je größer die eine Kathete, desto kleiner ist die andere Kathete.
Wertetabellen für

$\frac{1}{2}xy = 4$ d. h.

x	1	8	2	4	2,5	3,2
$y = \frac{8}{x}$	8	1	4	2	3,2	2,5

$\frac{1}{2}xy = 1$ d. h.

x	1	2	4	0,5	8	0,25
$y = \frac{2}{x}$	2	1	0,5	4	0,25	8

$\frac{1}{2}xy = 2$ d. h.

x	1	4	2	8	0,5	10
$y = \frac{4}{x}$	4	1	2	0,5	8	0,4

$\frac{1}{2}xy = 5$ d. h.

x	1	10	2	5	4	2,5
$y = \frac{10}{x}$	10	1	5	2	2,5	4

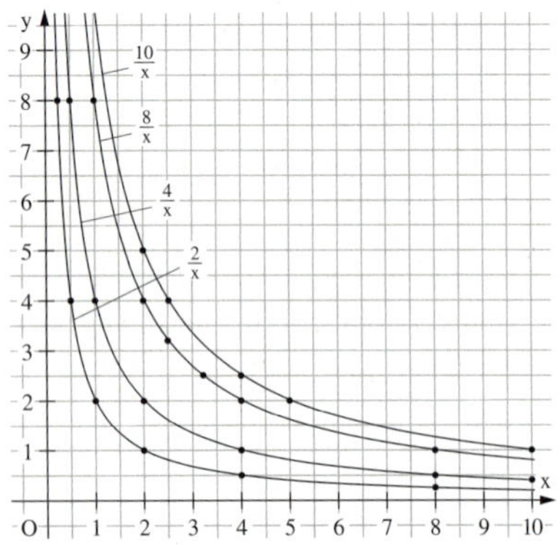

Alle Zuordnungen $x \mapsto y$ sind umgekehrt proportionale Zuordnungen.

63

Wenn man eine Münze oft genug wirft, sollte sie etwa gleich oft auf der „Kopf"-Seite und auf der „Zahl"-Seite landen.

64

$A_Q = a^2$;
$A_{\text{Viertelkreis}} = \frac{1}{4}a^2\pi$;
$A_{gr} = \left(1 - \frac{\pi}{4}\right)a^2$; $\frac{A_{gr}}{A_Q} = \frac{\left(1 - \frac{\pi}{4}\right)a^2}{a^2} \approx 0{,}215$.

Die grüne Fläche hat einen Anteil von etwa 21,5 % an der Fläche des Quadrats.

65

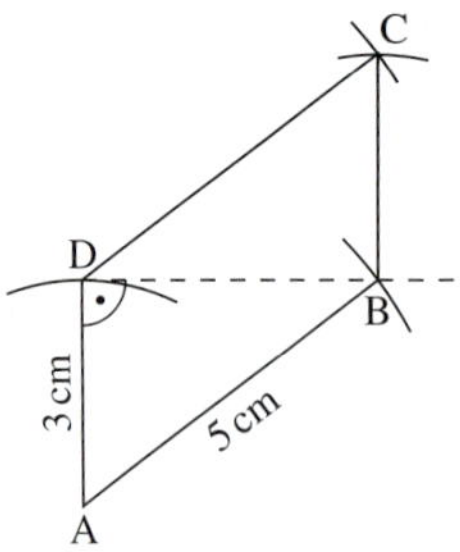

66

a)

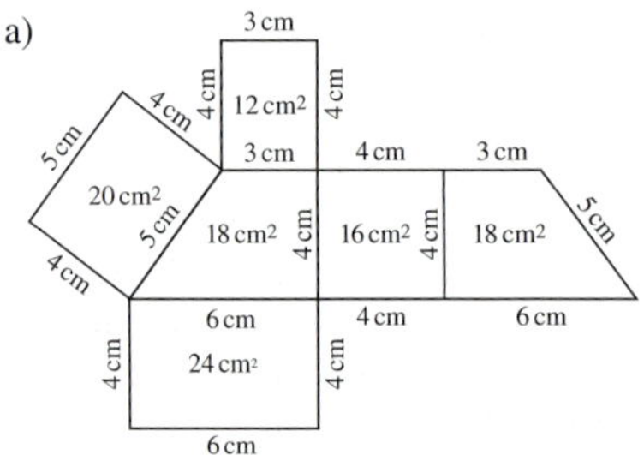

b)

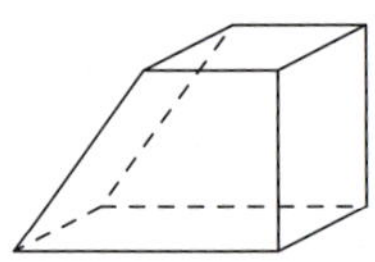

(Flächeninhalte siehe a))

c) $V = V_{\text{Quader}} + V_{\text{Dreiecksprisma}}$
$= 3 \cdot 4 \cdot 4\,\text{cm}^3 + \frac{1}{2} \cdot 3 \cdot 4 \cdot 4\,\text{cm}^3$
$= 48\,\text{cm}^3 + 24\,\text{cm}^3$
$= 72\,\text{cm}^3$

67

a) $a < -\frac{2}{9}$ b) $c \leqq -\frac{3}{4}$
c) $f \leqq -7\frac{1}{5}$

68

a) −0,485 b) −0,25
c) 0,02 d) $1\frac{1}{6}$

69

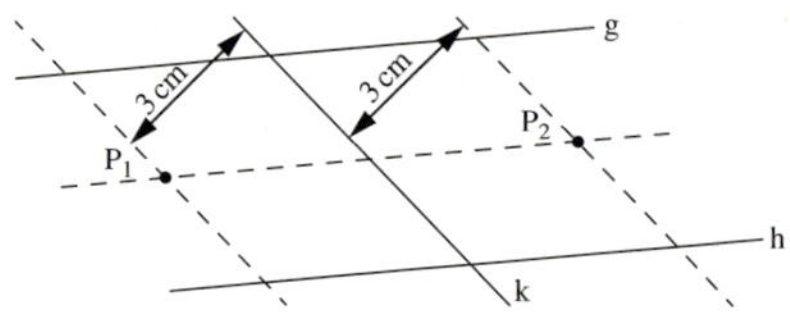

Es wird die Mittelparallele zu g und h konstruiert sowie die Parallelen zu k im Abstand 3 cm. P_1 und P_2 sind die gesuchten Punkte.

70

$x = \frac{2}{3}$

71

$\gamma_1 = 53°$; $\gamma_2 = 37°$; $\beta = 53°$

72

a) f: $y = \frac{3}{2}x + 1$; g: $y = -6x - 6$;
h: $y = -\frac{2}{9}x + 1\frac{5}{9}$; k: $x = 3{,}5$;
t: $y = -\frac{3}{4}x - \frac{1}{4}$

b) $P_{g,k}\,(3{,}5|-27)$; $P_{g,h}\left(-\frac{17}{13}\middle|\frac{24}{13}\right)$;
$P_{f,g}\left(-\frac{14}{15}\middle|-\frac{2}{5}\right)$

73

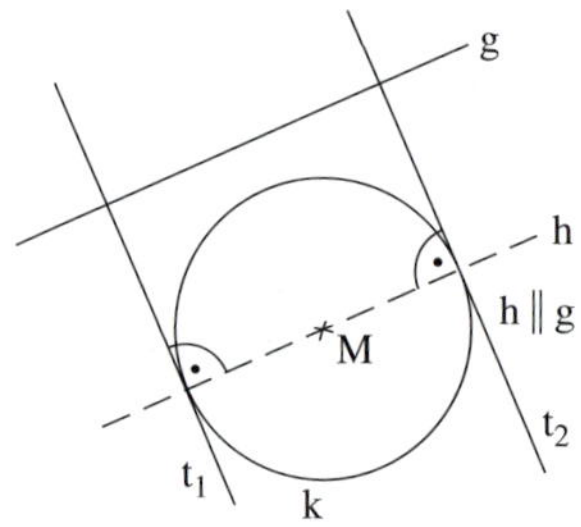

(Konstruktionsbeschreibung:
1. Parallele h zu g durch M
2. Lotkonstruktionen t_1 und t_2 in den Schnittpunkten von h mit k.)

74

$V = 30\,\text{cm}^3$

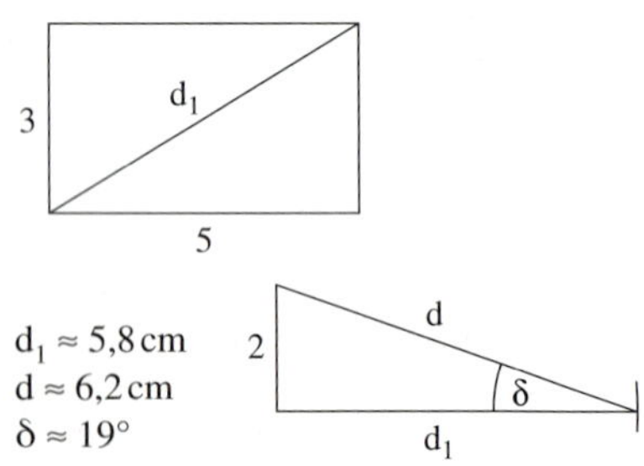

$d_1 \approx 5{,}8$ cm
$d \approx 6{,}2$ cm
$\delta \approx 19°$

75
Die Anteile in den beiden verschiedenen Diagrammen entsprechen einander: Die beiden Diagramme beschreiben den gleichen Sachverhalt.
Kreisdiagramm: Man mißt die Winkel und stellt fest: orange: 25 %, rot: 17 %, blau: 20 %; gelb: 38 %;
Säulendiagramm: Man ermittelt die Höhen zu 25 LE, 17 LE, 20 LE und 38 LE.
Beim Kreisdiagramm wird zusätzlich deutlich, dass die Anteile ein gemeinsames Ganzes bilden bzw. dass z. B. roter und oranger Anteil weniger als die Hälfte ausmachen. Dagegen lassen sich im Säulendiagramm die Werte leichter ablesen bzw. vergleichen.

76
a) $x = -8{,}25$ b) $x_1 = 0$; $x_2 = -1{,}5$

77
b) $\frac{\beta}{2} = \frac{\gamma}{2}$, also $\beta = \gamma$.
Liegen A, S und B auf einer Geraden, so gilt:
$\frac{\gamma}{2} + \beta = 180°$ $\quad | \frac{\gamma}{2} = \frac{\beta}{2}$
$\Rightarrow \frac{3}{2}\beta = 180°$
$\Rightarrow \beta = 120°$
$\Rightarrow \alpha = 180° - \beta = 60°$
c) Liegt B auf w_1, so gilt: $\frac{\gamma}{2} = \frac{\alpha}{2}$ (Scheitelwinkel).
Wegen $\frac{\gamma}{2} = \frac{\beta}{2}$ gilt auch: $\frac{\alpha}{2} = \frac{\beta}{2}$, also $\alpha = \beta = 90°$.

78
$1000 = 10 \cdot 10 \cdot 10 = 2 \cdot 2 \cdot 2 \cdot 5 \cdot 5 \cdot 5$
Die Zahl 1000 hat 16 Teiler, sie müssen sich als $2^a \cdot 5^b$ (mit a und b $\in \{0; 1; 2; 3\}$) darstellen lassen. Dafür gibt es $4 \cdot 4$ Möglichkeiten:
$2^0 \cdot 5^0$ $2^1 \cdot 5^0$ $2^2 \cdot 5^0$ $2^3 \cdot 5^0$
$2^0 \cdot 5^1$ $2^1 \cdot 5^1$ $2^2 \cdot 5^1$ $2^3 \cdot 5^1$
$2^0 \cdot 5^2$ $2^1 \cdot 5^2$ $2^2 \cdot 5^2$ $2^3 \cdot 5^2$
$2^0 \cdot 5^3$ $2^1 \cdot 5^3$ $2^2 \cdot 5^3$ $2^3 \cdot 5^3$

79

Die beiden Dreiecke stimmen in drei Seiten überein, sie sind daher kongruent und haben die gleichen Mittelpunktswinkel.

80
(Grundlage bei der Berechnung: $\pi \approx 3{,}14$)
a) $A \approx 19{,}6\,cm^2$; $U \approx 15{,}7\,cm$
b) $A \approx 1256\,cm^2$; $U \approx 125{,}6\,cm$
c) $A \approx 2{,}2\,cm^2$; $U \approx 5{,}3\,cm$
d) $A \approx 28\,260\,000\,cm^2$; $U = 18\,840\,cm$
e) $A \approx 47\,505\,cm^2$; $U \approx 772\,cm$
f) $A \approx 397{,}4\,cm^2$; $U \approx 70{,}7\,cm$

81
ursprüngl. Dreieck:
$a = 2b \Rightarrow A_u = \frac{1}{2} \cdot a \cdot b = \frac{1}{2} \cdot 2b \cdot b = b^2$
neues Dreieck:
$A_n = \frac{1}{2}(a - 4\,cm)(b + 3\,cm) = b^2 + 5\,cm^2$.
Mit $a = 2b$ folgt: $b = 11\,cm$;
$A_u = b^2 = 121\,cm$.

82
a) (1) A und B sind durch $\overline{AB} = c$ gegeben.
(2) M (Umkreismittelpunkt) liegt
1. Kreis k(A;r)
2. Kreis k(B;r)
(3) C liegt
1. Kreis k(M;r)
2. auf der Parallelen zu AB im Abstand h_c
b) Für $c = 2r$ ist das Dreieck rechtwinklig (rechter Winkel bei C).
c) Es gibt einen Wert von h_c, für den die Parallele zu AB im Abstand h_c Tangente an den Umkreis ist, also genau eine Lösung existiert.
Ist h_c größer, so gibt es keine Lösung, ist h_c kleiner, so gibt es zwei Lösungen.

83
a) Das Flugzeug ändert seine momentane Geschwindigkeit; die Kurve ist bei größerer Geschwindigkeit steiler, bei kleinerer Geschwindigkeit flacher.
b) Die Steigung der blauen Geraden ist die mittlere Geschwindigkeit über den gesamten Flug hinweg.
c) Flugdauer: 14.15 Uhr bis 15.55 Uhr, d. h. 100 min; Durchschnittsgeschwindigkeit: $5{,}3\,\frac{km}{min}$
Durchschnittsgeschwindigkeit bei 25 min kürzerem Flug: $7{,}1\,\frac{km}{min}$.
$\frac{7{,}1}{5{,}3} \approx 1{,}34$. Die Durchschnittsgeschwindigkeit müsste also um etwa 34 % höher sein.

84
Wenn ein Dreieck zwei gleich große Winkel hat, ist es ein gleichseitiges Dreieck.
Falsch! Das Dreieck kann dann auch nur gleichschenklig sein, die Basis eine andere Länge besitzen als die beiden Schenkel.

85
a) $24\,550\,m^2$ b) $4800\,l$
c) $1{,}78\,cm^3$ d) $999\,cm^3$
e) $3300\,l$ f) $99\,990\,mm^2$

86
a) $11! = 39\,916\,800$ Möglichkeiten
b) $10! = 3\,628\,800$ Möglichkeiten
c) $P = \frac{10!}{11!} = \frac{1}{11} = 0{,}\overline{09} \approx 9{,}1\,\%$

87
$\frac{1}{2} \cdot \frac{2}{3} \cdot \frac{3}{4} \cdot \ldots \cdot \frac{n-1}{n} = \frac{1}{n}$

88
$3y = 4x - 11$
Probieren ergibt z. B.
$3 \cdot (-1) = 4 \cdot 2 - 11$, also: $A(2|-1)$
Geht man von A 3 Kästchen nach rechts und 4 Kästchen nach oben, so erhält man den Gitterpunkt $(3{,}5|1)$.
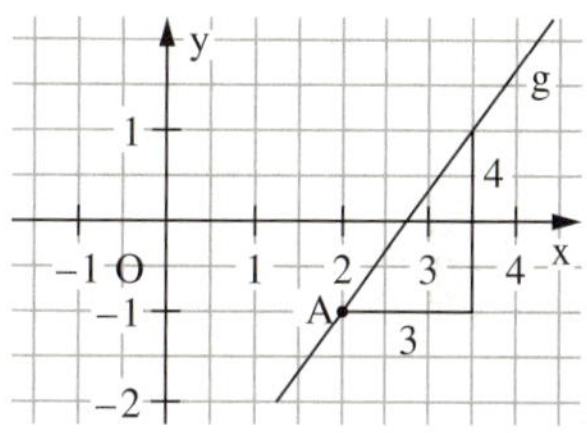

89
(I) $10x + y - (x + y) = 54$
$\Rightarrow 9x = 54 \Rightarrow x = 6$
(II) $10x + y - x = 54$
$\Rightarrow 9 \cdot 6 + y = 54 \Rightarrow y = 0$
Die Zahl lautet 60.

90
Ansatz: $\frac{42 + x}{4} = 18$.
Die durchschnittliche Temperatur im dritten Quartal betrug 30 °C.